Amazing Cabinet of Minerals

驚異の標本箱
―鉱物―

渡邉克晃
田中陵二
紀伊國潔

KADOKAWA

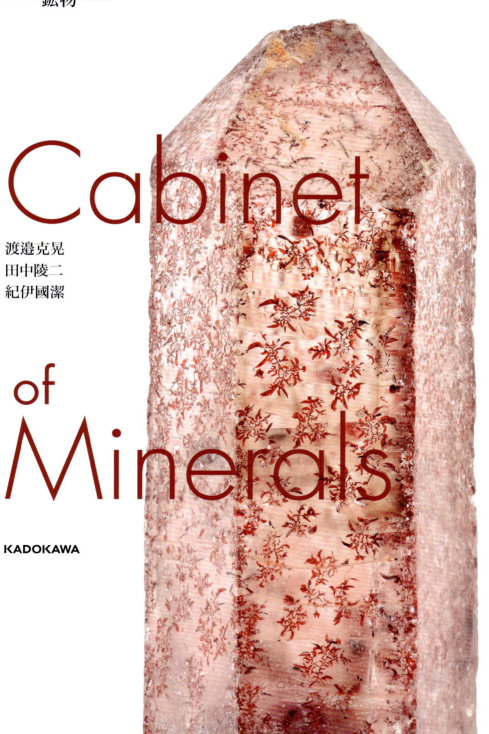

contents

4 もっともカラフルな鉱物

6 帯状のカラーグラデーション

8 クロムの赤か、鉄の青か

10 宝石になる鉱物

12 日本で採れる宝石鉱物

14 上部マントルからの贈り物

18 水晶のバラエティ

20 いろいろな形の水晶

22 水晶に閉じ込められた鉱物

26 日本式双晶

28 多彩なシリカ

30 "簾"の石たち

32 多くの宝石名をもつ鉱物

34 傷は天然エメラルドのあかし

36 銅を含む鉱物たち

40 燐灰石とその仲間たち

42 沸石、原子のジャングルジム

46 マンガンの赤I

48 マンガンの赤II

50 ウランとその資源

52 羊の皮をかぶった狼─仮晶と置換─

54 相転移

56 絵具になる鉱物

60 毒の石I─ヒ素を含む鉱物─

62 毒の石II─バリウム、水銀を含む鉱物─

64 柘榴石を規定するガーネット型構造

66 混ざり合う柘榴石の成分

68 モリブデンかクロムか

70 自発的に電気分極する鉱物

72 色彩豊かなゾーニング

74 輝石と角閃石

76 アスベストと呼ばれる鉱物群

82 菱な鉱物I

84 菱な鉱物II

86 長石が放つ閃光

88 変わり果てた生物の姿─有機鉱物─

90 合成鉱物、合成結晶

92 重い石

94 リチウムの地下資源

96 硫黄との強い結びつき─硫化鉱物─

100 産出が珍しいリン酸塩

102 鋼になる鉱物

108 光る石

110 サファイアより貴重な青い石

112 鉱物になった樹脂

114 鉱物の色のメカニズム

116 目に見えない微細な構造が色を生む─構造色─

118 結晶の形と結晶系

122 結晶面は平らじゃない─蝕像・成長丘と条線─

124 生き物のような結晶─忍石と放射状結晶集合─

126 単結晶と多結晶、並行連晶

128 双子の結晶、双晶

132 同じ中身で違う顔─結晶多形─

134 神は細部に宿る─小さな結晶たち─

136 初生鉱物と二次鉱物

138 ペグマタイトの自形結晶

140 スカルン鉱物

142 日本で見つかった新鉱物

144 金銀と貴金属

16 column ❶ どこまでも剥げる石、雲母　田中陵二

78 column ❷ 新しい鉱物に名前を付ける　〜新鉱物の記載〜　田中陵二

80 column ❸ 表と裏の顔を持つ結晶　〜異極晶〜　田中陵二

106 column ❹ 博物館と個人コレクション　渡邉克晃

148 column ❺ 鉱物標本撮影のライティング　紀伊國潔

150 column ❻ 小さな鉱物を撮る　田中陵二

152 元素周期表

154 あとがきにかえて　紀伊國潔　田中陵二　渡邉克晃

※文章は渡邉克晃、田中陵二（コラムは除く）

鉱物に秘められた自然界の美の真髄

渡邉克晃
Katsuaki Watanabe

「これまでにない最高の鉱物図鑑を作ろう。」

本書は KADOKAWA の高級写真図鑑『驚異の標本箱』シリーズの 3 作目として、既刊の昆虫図鑑 2 冊に続いて企画されたものである。先行する昆虫図鑑の品質はずば抜けており、その鉱物版を作ることは容易なことではない。最適な標本をトップレベルの技術で撮影するのはもちろんのこと、それに加えて学術的にも高い水準を確保する必要がある。

前人未到のこの目標を達成するべく、田中陵二氏、紀伊國潔氏のお二人に共著になっていただけたことは望外の喜びであり、結果、私一人の力では到底及ばない高みにまで本書を引き上げることができた。田中氏は北海道石を発見した現役の研究者で、鉱物標本の超拡大撮影と深度合成の第一人者である。また、紀伊國氏は「ファインミネラル」と呼ばれる高品質標本の著名なコレクター兼、国内外で知られる鉱物写真の大家である。両氏の卓越した撮影技術はページを開いていただければわかると思う。

本書に掲載されている鉱物標本は、個人コレクターが所蔵するファインミネラル、国立科学博物館が所蔵する学術標本、田中氏が採取した研究用標本が中心で、そのほか各地の博物館にもご協力をいただいて最適な標本を準備した。

本書を通して、一つ一つの鉱物に秘められた自然界の美の真髄と、それを余すことなく表現する圧倒的な写真の力を体験していただけたらと思う。

また、蛇足かもしれないがもう一言つけ加えたい。

鉱物は地質作用によってできた天然の固体であり、何百万年、何千万年、あるいは何億年も前の地層から、時を超えて私たちの目の前にもたらされたものである。時間だけではない。地表で人の目に触れるまでに、地殻変動や火山活動を通じて、時には 100km を超える地下深部から地表へと、空間を超えてもたらされる。これが、「鉱物を調べれば地球の歴史がわかる」といわれる理由である。

鉱物の魅力は単なる美しさだけに留まらず、このような学術的な奥深さにもある。本書のやや専門的な解説が、その一端を知る助けとなれば幸いである。

(著者を代表して)

［凡例］
一部の標本については、正確な標本長や撮影幅に代えて、鉱物コレクターの間で一般的に使われている簡易標準表記を使用した。各表記のおおよその定義は以下の通りで、標本の横幅、高さ、長さなどのうち、いずれか最大のものに適用される。

Thumbnail（サムネイル）……3 cm 未満
Miniature（ミニチュア）……3 cm 以上 5 cm 未満
Small Cabinet（スモールキャビネット）……5 cm 以上 9.4 cm 未満
Cabinet（キャビネット）……9.4 cm 以上

もっともカラフルな鉱物

蛍石 Fluorite

蛍石は、加熱や紫外線照射に伴う青紫色の発光（フルオレッセンス）でよく知られるが、豊富な色のバリエーションも魅力的である。緑、紫、黄、ピンク、青など、ほぼあらゆる色が揃っていて、透明度の高いガラス光沢を鮮やかに彩る。蛍石の発色は微量成分と結晶構造の欠陥などによるもので、純粋な蛍石は無色透明である。蛍石には色分散が極めて小さい（透過した光が色成分ごとに大きくズレない）という光学特性があるため、無色透明の人工結晶が、高倍率の顕微鏡対物レンズや高級カメラレンズなどに利用されている。（渡邉）

学名	Fluorite（フローライト）
和名	蛍石（ほたるいし）
化学式	CaF$_2$
結晶系	立方晶系
モース硬度	4
分類	ハロゲン化鉱物

1, サイズ区分：Thumbnail／産地：スペイン Llamas Quarry, Duyos, Obdulia vein, Caravia, Asturias, Spain／所蔵：個人蔵　2, 標本の横幅：12.8 cm／産地：イギリス Jewel Box Pocket, Rogerley Mine, County Durham, England, UK／所蔵：個人蔵　3, サイズ区分：Miniature／産地：イギリス Florence Mine, Egremont, Copeland, Cumbria, England, UK／所蔵：個人蔵　4, サイズ区分：Miniature／産地：イギリス Hilton Mine, Scordale, Murton, Eden, Cumbria, England, UK／所蔵：個人蔵　5, 標本の横幅：3.1 cm／産地：スペイン La Viesca Mine, Asturias, Spain／所蔵：個人蔵（以上、写真・紀伊國）

標本の高さ：2.9 cm／産地：フランス Pointe Kurtz, Chamonix, France／所蔵：個人蔵（写真・紀伊國）

帯状のカラーグラデーション

蛍石 Fluorite

蛍石の結晶にしばしば見られる帯状のカラーグラデーションは、「ゾーニング（累帯構造）」と呼ばれ、結晶成長の痕跡が色の違いや濃淡として現れたものである。自形結晶の結晶面を見たとき、中心部から周縁部に向かって規則的に遷移していることが多い。同一結晶内で色が変化するのは、結晶成長に伴って周囲の環境（温度、圧力、溶液の成分など）が変化したためであり、ゾーニングをもつ結晶はその履歴を化学組成の微妙な変化として記録している。蛍石の場合は微量成分だが、固溶体を作る鉱物では主成分が変化する。（渡邉）

1, 標本の横幅：8.0 cm／産地：アメリカ Mahoning Mine #7, Cave-in-Rock, Hardin Co., Illinois, USA／所蔵：個人蔵　2, 結晶の横幅：2.0 cm／産地：アメリカ：Penfield Quarry, Penfield, Monroe Co., New York, USA／所蔵：個人蔵　3, 標本の横幅：11.2 cm／産地：ナミビア Kudubis Farm 19, Karibib, Erongo, Namibia／所蔵：個人蔵（以上、写真・紀伊國）

クロムの赤か、鉄の青か

ルビー Ruby
サファイア Sapphire

ルビーとサファイアの鉱物種名はどちらもコランダムであり、鉱物としての本質的な違いはない。主成分は酸化アルミニウムで、純粋なものは無色透明。ルビーの赤色やサファイアの青色は微量成分に由来し、前者にはクロムが、後者には鉄とチタンがわずかに含まれている。地殻中で鉄はありふれた元素だが、クロムは比較的珍しい元素（変成岩などのやや特別な場所にしか集まらない）であるため、一般にルビーの方が高価になる。なお、「ルビー」や「サファイア」という名称は、コランダムの変種名という位置付けである。（渡邉）

学名	Corundum（コランダム）
和名	コランダム
化学式	Al_2O_3
結晶系	三方晶系
モース硬度	9
分類	酸化鉱物

1,〈ルビー〉サイズ区分：Thumbnail／産地：タンザニア Winza, Mpwapwa District, Dodoma Region, Tanzania／所蔵：個人蔵　2,〈サファイア〉サイズ区分：Small Cabinet／産地：スリランカ Ratnapura, Sabaragamuwa, Sri Lanka／所蔵：個人蔵（以上、写真・紀伊國）　3,〈サファイア〉標本の横幅：2.4 cm／産地：中国山東省昌楽県五図鎮／所蔵：国立科学博物館（写真・渡邉）

レッドベリル

学名	Beryl（ベリル）
和名	緑柱石（りょくちゅうせき）
化学式	$Be_3Al_2(Si_6O_{18})$
結晶系	六方晶系
モース硬度	7 ½ 〜 8
分類	ケイ酸塩鉱物

標本の横幅：2.7 cm／産地：アメリカ Ruby Violet claims, Beaver Co., Utah, USA／所蔵：個人蔵（写真・紀伊國）

アクアマリン

標本の長さ：18.0 cm／産地：パキスタン Shigar Valley, Gilgit-Baltistan, Pakistan／所蔵：個人蔵 ※学名等はレッドベリルと同じ。（写真・紀伊國）

トパーズ

学名	Topaz（トパーズ）
和名	トパーズ 黄玉（おうぎょく）
化学式	$Al_2SiO_4(F,OH)_2$
結晶系	直方晶系
モース硬度	8
分類	ケイ酸塩鉱物

サイズ区分：Miniature／産地：パキスタン Katlang, Mardan, Pakistan／所蔵：個人蔵（写真・紀伊國）

金緑石

学名	Chrysoberyl（クリソベリル）
和名	金緑石（きんりょくせき）
化学式	BeAl$_2$O$_4$
結晶系	直方晶系
モース硬度	8 ½
分類	酸化鉱物

標本の横幅：2.7 cm／産地：ブラジル Espírito Santo, Brazil／所蔵：国立科学博物館（写真・渡邉）

宝石になる鉱物
緑柱石 Beryl ／トパーズ Topaz ／金緑石 Chrysoberyl

鉱物のうち特に美しいものが「宝石」とされるが、学術的に明確な定義は存在しない。言い換えれば、どんな鉱物であっても美しさゆえに装身具として用いるならば、それは立派な宝石ということになる。とはいえ、一般に宝石として利用されやすい鉱物はだいたい決まっていて、美しさに加え、硬さ（モース硬度7以上が望ましい）や希少性が加味される。宝石よりもやや等級が劣るものを「貴石」、さらに次の段階になると「半貴石」「飾り石」などと呼び分けることもあるが、大きな括りではこれらも併せて「宝石」である。（渡邉）

日本で採れる宝石鉱物
ひすい輝石 Jadeite ／紅縞瑪瑙 Sardonyx
トパーズ Topaz ／オパール Opal

日本を代表する宝石の一つ、「ひすい」は、ひすい輝石を主体とする堅牢な岩石である。非常に細かいひすい輝石の針状結晶が互いに絡み合い、緻密な集合体を成している。ひすいにはオンファス輝石やコスモクロア輝石が含まれることもあり、特に新潟県糸魚川地方産のひすいでは、緑色の部分でオンファス輝石の割合が比較的大きい。ひすい以外では、岐阜県苗木地方の花崗岩体に産する大粒のトパーズ、福島県宝坂産の美しい遊色をもつオパールなどが有名である。赤褐色の中に白色の縞目をもつ瑪瑙は紅縞瑪瑙と呼ばれる。（渡邉）

ひすい

学名	Jadeite（ジェイダイト）
和名	ひすい輝石（ひすいきせき）
化学式	NaAlSi$_2$O$_6$
結晶系	単斜晶系
モース硬度	6～7
分類	ケイ酸塩鉱物

標本の横幅：5.5 cm／産地：新潟県糸魚川市／所蔵：フォッサマグナミュージアム（写真・渡邉）

橋立ヒスイ峡（新潟県糸魚川市）。河床にひすいの巨岩が見られる（中央の2つの白っぽい岩石）（写真・渡邉）

紅縞瑪瑙

学名	Quartz（クォーツ）
和名	石英（せきえい） ※紅縞瑪瑙は石英の変種名
化学式	SiO_2
結晶系	三方晶系
モース硬度	7
分類	酸化鉱物

標本の横幅：7.0 cm／産地：石川県小松市菩提町／所蔵：国立科学博物館（写真・渡邉）

トパーズ

学名	Topaz（トパーズ）
和名	トパーズ 黄玉（おうぎょく）
化学式	$Al_2SiO_4(F,OH)_2$
結晶系	直方晶系
モース硬度	8
分類	ケイ酸塩鉱物

標本上下：約11 cm／産地：岐阜県中津川市苗木／所蔵：個人蔵（写真・田中）

オパール

学名	Opal（オパール）
和名	オパール 蛋白石（たんぱくせき）
化学式	$SiO_2 \cdot nH_2O$
結晶系	非晶質
モース硬度	5½ ～ 6½
分類	酸化鉱物

標本左右：1.5 cm／産地：福島県耶麻郡西会津町宝坂／所蔵：個人蔵（写真・田中）

上部マントルからの贈り物
ダイヤモンド Diamond

学名	Diamond（ダイアモンド）
和名	ダイヤモンド
化学式	C
結晶系	立方晶系
モース硬度	10
分類	元素鉱物

ダイヤモンドは、おもに地下150km以上の上部マントル内部で生成し、部分溶融したマグマの急激な上昇に伴って地表付近まで運ばれてくる。ダイヤモンドは高圧下で安定な物質であり、圧力が下がるとマグマの熱で融け始めてしまう。したがって、ダイヤモンドが地表にもたらされるには、融ける前に一気に地表付近まで運ばれ、冷やされる必要がある。地表で見つかるダイヤモンドは基本的に全てこのプロセスを経ているため、結晶の角が丸くなっていたり、結晶面に融解の痕跡である三角形の模様（トライゴン）があったりする。（渡邉）

キンバーライト中の正八面体結晶。結晶の横幅：1.0 cm／産地：南アフリカ共和国 Kimberley, South Africa／所蔵：国立科学博物館（写真・渡邉）

扁平な三角両錐形の結晶。
標本の横幅：0.6 cm／産地：南アフリカ共和国 Premier Mine, near Pretoria, Transvaal, South Africa／所蔵：国立科学博物館（写真・渡邉）

COLUMN 1

どこまでも剥げる石、雲母

田中陵二 *Ryoji Tanaka*

　キラキラと輝き、よく曲がる雲母。雲母は鉱物だが石らしくなく、なんとなくプラスチックのようでもある。雲母は一種の鉱物種ではなく、約60種よりなる雲母グループの総称だ。なじみの深いのは白雲母で、「千枚剥ぎ」という異名をもち、その結晶はその通り一方向にベリッと剥がすことができる。このような性質を劈開といい、雲母は特に完全な劈開を示す。これは、ケイ素またはアルミニウムが6個、酸素が6個よりなる12角の環が連結し、蜂の巣のように並んでシートを形成し、これがさらに積層している結晶構造に由来する。このような一方向の劈開は、黒鉛や硫化モリブデン（輝水鉛鉱）などにも顕著だが、雲母のものがもっとも見事であろう。この蜂の巣状のシートには上下に陽イオンが配列していて、この陽イオンの種類によって雲母の鉱物学的名称が決まる。無色のものはカリウムなどのアルカリ金属が多く含まれ、濃色のものは鉄やマンガン、バナジウムなどを含んでいる。

　白雲母は機械的強度が高く、無色透明で電気絶縁性が高く、化学的および熱安定性に富むため、しばしば窓材や耐熱材料に用いられる。かつてのロシアでは、大きな天然の白雲母結晶が多産し、窓ガラスの代わりに用いられた。白雲母の鉱物名 muscovite は、モスクワのガラスを由来としている。最近はファンヒーターが多く、かつてのような石油ストーブを見ることが少なくなったが、昭和40年代ぐらいまでは石油ストーブの窓にしばしば天然の白雲母を用いていた。テレビの電気回路の中に収められていた三

白雲母（しろうんも）
Muscovite
$KAl_2(AlSi_3O_{10})(OH)_2$，単斜晶系。
標本の横幅：2.4 cm／産地：アメリカ Plumas Co., California, USA／所蔵：個人蔵（写真・田中）

白雲母（しろうんも）
Muscovite
$KAl_2(AlSi_3O_{10})(OH)_2$，単斜晶系。
写真上下：約12 cm／産地：パキスタン Gilgit-Baltistan, Pakistan／所蔵：個人蔵（写真・田中）

真珠雲母（しんじゅうんも）
Margarite
CaAl$_2$(Al$_2$Si$_2$O$_{10}$)(OH)$_2$、単斜晶系。撮影幅：4.0 cm／産地：大分県佐伯市宇目町木浦エメリー鉱山／所蔵：個人蔵（写真・田中）

極管の支持絶縁体に、雲母のカット品が用いられていたのも懐かしい思い出である。合成のフッ素金雲母が容易に製造できるようになった現在でも、10cmを超える大きな材料は天然のものを利用することがある。

　花崗岩地帯を歩くと、しばしば「雲母」という地名を目にする。これは「きら」もしくは「きらら」と読む。雲母は風化分解しても劈開片が残りやすく、これが河川に流れると水中でキラキラと漂い目立つため、それが地名に残ったのだろう。日本における白雲母の利用は、古くより愛知県幡豆(はず)地方が有名で、今の西尾市付近には多くの白雲母の採掘現場があった。ここにはかつて吉良庄(きらのしょう)という荘園があったが、この名前は雲母の「きら」に基づいているものらしい。歌舞伎などの演劇の「忠臣蔵」は吉良上野介を仇打つ話だが、この吉良姓は荘園名からだ。忠臣蔵の吉良上野介の名の由来が雲母によるというのは、なかなか意外である。

　愛知県幡豆郡は、領家帯の深成岩が分布しており、これには大きさ5cmを超える結晶質の白雲母を含んだ脈を多く胚胎する。幡豆の雲母は遅くとも平安時代ぐらいには採掘が始まり、『続日本紀』にある「参河の雲母」はここのものであろう。この雲母は、日本画のエフェクト顔料、料紙（雲母紙）、化粧品等に用いられ、昭和初期まで採掘していた。現在はほぼ掘り尽くし、廃坑道も事故防止のためにほとんどが埋め戻された。

　また、愛知県北設楽郡には、均質で微細な白雲母集合体を採掘する鉱山が現在でも稼行している。これは、「絹雲母（セリサイト）」と呼ばれる緻密で不純物の少ない白雲母で、ここの鉱山は世界の化粧品用絹雲母シェアの約半分を産出している。絹雲母は化粧品のファンデーションとして好まれ、二酸化チタンの真っ白とは異なり、劈開による結晶配列と光線の反射により、やや透明な感じのする白である。化粧による美も、鉱物結晶の特性をうまく使っているものと言えよう。

金雲母（きんうんも）
Phlogopite
KMg$_3$(AlSi$_3$O$_{10}$)(OH)$_2$、単斜晶系。撮影幅：2.0 cm／産地：アフガニスタン Sar-e-Sang, Kuran wa Munjan, Badakhshan, Afghanistan／所蔵：個人蔵（写真・田中）

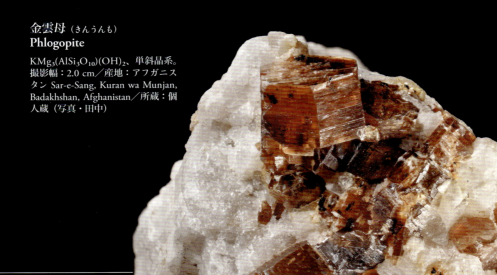

水晶

学名	Quartz（クォーツ）
和名	石英（せきえい）
化学式	SiO_2
結晶系	三方晶系
モース硬度	7
分類	酸化鉱物

標本の高さ：約13 cm／産地：ブラジル
Tomas Gonzaga, Curvelo, Minas Gerais, Brazil／所蔵：個人蔵（写真・田中）

水晶のバラエティ

水晶 Quartz

クリスタルという言葉は、英語圏では結晶のことを指すが、より一般的には水晶を意味する。水晶は天然の二酸化ケイ素結晶の種のひとつ、石英の自形結晶。地殻中の最多の元素の酸素と、それに次ぐケイ素が化合したありふれた物質で、野山を歩くと小さな水晶を岩肌に見かけることがある。

水晶は、一般的には六角柱で、削った鉛筆のような形をしている。純粋な水晶は氷のように無色透明だが、結晶内に含まれる不純物やイオンなどによって色が付くことがある。鉄イオンが含まれて紫色になったものが紫水晶で、宝石として扱われる。鉄の酸化物の微細な粒が含まれると黄色や赤色になる。アルミニウムイオンを含んだ水晶に天然の放射線が当たると、黒や灰色に色づき、これを煙水晶と呼ぶ。煙水晶は花崗岩地帯に多く見られ、日本でも西日本に産地が多い。（田中）

水晶「ペコス・ダイヤモンド」

最大結晶サイズ：1.6 cm／産地アメリカ Pecos River, De Baca Co., New Mexico, USA／所蔵：個人蔵 ※学名等は水晶（左頁）と同じ。（写真・田中）

紫水晶（Amethyst）

標本左右サイズ：約12 cm／産地：メキシコ Piedra Parada, Tatatila Municipality, Veracruz, Mexico／所蔵：個人蔵 ※学名等は水晶（左頁）と同じ。（写真・田中）

針水晶

撮影幅：2.5 cm／産地：福島県南会津郡南会津町小高林蛍鉱山／所蔵：個人蔵 ※学名等は水晶（18頁）と同じ。（写真・田中）

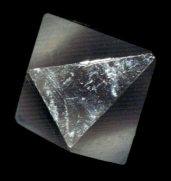

そろばん玉水晶

標本サイズ：1.1 cm／産地：ロシア 2nd Sovetskii Mine, Dalnegorsk, Primorsky Krai, Russia／所蔵：個人蔵 ※学名等は水晶（18頁）と同じ。（写真・田中）

いろいろな形の水晶

水晶の多くは六角柱状だが、成長条件・環境によってさまざまな形態に化ける。六角柱の横の面を「柱面」、端の斜めの面を「錐面」と呼ぶ。両方の先端がある水晶は少なく、これは両錐水晶と呼ばれる。先が太くなった「松茸水晶」、針のように細い「針水晶」、柱面のまったくない「そろばん玉水晶」などさまざまな形態の水晶がある。石英は非常に硬い鉱物だが、先端の尖った部分は傷つきやすく、取り扱いには注意を要する。いびつな結晶もあれど、どんなにいびつなものでも端正なものでも、特定の面の間の角度は常に一定になる。（田中）

ファーデン水晶

標本サイズ：約5 cm／産地：パキスタン Wanna, Waziristan, Khyber Pakhtunkhwa, Pakistan／所蔵：個人蔵 ※学名等は水晶（18頁）と同じ。（写真・田中）

セプタークォーツ（松茸水晶）

標本の長さ：17.4 cm／産地：ブラジル Brazil／所蔵：国立科学博物館 ※学名等は水晶（18頁）と同じ。（写真・渡邉）

緑簾石と両錐水晶

標本サイズ：4.2 cm／産地：アゼルバイジャン Dashkasan, Azerbaijan／所蔵：個人蔵 ※学名等は水晶（18頁）と同じ。（写真・田中）

水晶に閉じ込められた鉱物

水晶成長と同時に不純物粒が包有されることで、さまざまな色の水晶ができる。白く濁った水晶は、成長時に周囲の流体を取り込み、細かい水やガスの泡を含んでいるものだ。肉眼でわかる液体と気泡を含むものは水入り水晶と呼ばれる。また、別の鉱物の結晶を含むことがあり、これも水晶のバラエティに華を添える。筆者は20年ほど前、秋田県の鉱山跡の古いズリ（廃石）の中に、緑色の水晶がたくさん混じっているのに気付いた。これはシャモス石という緑色の鉱物を含んだ水晶であった。

大分県の尾平鉱山では、坑道内部に水晶を多数産する小鉱体があって、この水晶は球状の緑泥石や針状の苦土電気石など多種の鉱物を含んでおり「まりも水晶」と俗称される。また、紫水晶には針鉄鉱や赤鉄鉱のような酸化鉄鉱物を含むものがしばしばある。紫水晶も針鉄鉱も自形を保っており、紫水晶成長の途中で結晶面上に針鉄鉱の結晶集合体が生成したのがわかる。一般には結晶の混じり物として嫌われる包有物ではあるが、結晶成長のさまざまな条件を記録している「地下からの手紙」でもある。(田中)

針鉄鉱を含む紫水晶

撮影幅：3.0cm／産地：ブラジル Ametista do Sul, Rio Grande do Sul, Brazil／所蔵：益富地学会館 ※学名等は水晶（18頁）と同じ。(写真・田中)

緑泥石を含む「まりも水晶」（右頁）

最大結晶サイズ：3.2cm／産地：大分県豊後大野市緒方町尾平鉱山こうもり坑／所蔵：個人蔵 ※学名等は水晶（18頁）と同じ。(写真・田中)

シャモス石を含む緑水晶

標本サイズ：3.9cm／産地：秋田県大仙市荒川鉱山嗽沢／所蔵：個人蔵 ※学名等は水晶(18頁)と同じ。(写真・田中)

鉄酸化物を含む赤水晶

標本サイズ：3.0cm／産地：スペイン Chella, Valencia, Valencian Community, Spain／所蔵：個人蔵 ※学名等は水晶(18頁)と同じ。(写真・田中)

鉄酸化物を含むオレンジ水晶

標本サイズ：6.0cm／産地：ロシア 2nd Sovetskii Mine, Dalnegorsk, Primorsky Krai, Russia／所蔵：個人蔵 ※学名等は水晶(18頁)と同じ。(写真・田中)

赤鉄鉱を含む水晶

結晶長：3.6 cm／産地：中国 China
／所蔵：個人蔵 ※学名等は水晶（18
頁）と同じ。（写真・田中）

日本式双晶

結晶学的な規則性をもつ多結晶を双晶と呼ぶ。水晶は双晶ができやすい鉱物で、ブラジル式、ドフィーネ式双晶などの長軸を共有する双晶のほか、長軸がある角度で接合した傾軸式双晶がある。特に有名なのは日本式双晶だが、エステレル式などまれなものも数種ある。

水晶の日本式双晶は、形式的にξ（クシー）面を接触面としたもので、二つの結晶の長軸が84°34'の角度で交わっている。それぞれの結晶の柱面は平行になっていて、ハート型の板状の形態になりやすい。日本式の名は、ドイツの鉱物学者・結晶学者のV. M. ゴルトシュミットが明治時代に命名したもので、古くより日本産が著名であった。当時よく知られていたのは、山梨県の乙女鉱山と長崎県奈留島で、この2ヶ所からは現在でも日本式双晶が見つかる。さらに珍しいのは有色水晶の日本式双晶で、黄水晶、緑水晶、紫水晶、煙水晶などに知られる。（田中）

水晶（日本式双晶）
標本の高さ：3.8 cm／産地：長崎県五島市奈留島／所蔵：個人蔵（写真・紀伊國）

水晶の日本式双晶

最大結晶サイズ：4.5 cm／産地：山梨県甲府市水晶峠／所蔵：益富地学会館 ※学名等は水晶（18頁）と同じ。（写真・田中）

水晶のエステレ式双晶

結晶サイズ：1.8 cm／産地：山梨県山梨市牧丘町乙女鉱山／所蔵：個人蔵 ※学名等は水晶（18頁）と同じ。（写真・田中）

27

多彩なシリカ
オパール Opal ／玉髄 Chalcedony ／碧玉 Jasper ／瑪瑙 Agate

代表的なシリカの鉱物種に石英とオパールがある。オパールは微細な球状のシリカが緻密に集まったものであり、球と球の間に水分子を含む。石英もオパールも、四面体の形をしたケイ酸イオンを構造の基本単位としている点では同じだが、石英では四面体が立体的に結合して規則的に並んでいるのに対し、オパールを構成する球状のシリカでは四面体の並びが不規則で、それゆえにオパールは非晶質である。玉髄、碧玉、瑪瑙は微細な石英の集合体であり、同じように微細なシリカでできているが、これらは紛れもなく結晶である。（渡邉）

オパール

学名	Opal（オパール）
和名	オパール 蛋白石（たんぱくせき）
化学式	$SiO_2 \cdot nH_2O$
結晶系	非晶質
モース硬度	5½〜6½
分類	酸化鉱物

標本の横幅：6.6 cm／産地：オーストラリア Bulla Creek, New South Wales, Australia／所蔵：国立科学博物館（写真・渡邉）

オパール

標本の横幅：13.0 cm／産地：メキシコ Magdalena, Jalisco, Mexico／所蔵：国立科学博物館（写真・渡邉）

碧玉

標本の横幅：23.8 cm／産地：新潟県佐渡市／所蔵：フォッサマグナミュージアム ※学名等は玉髄と同じ。（写真・渡邉）

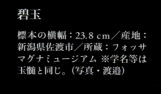

玉髄

学名	Quartz（クォーツ）
和名	石英（せきえい） ※玉髄は石英の変種名
化学式	SiO_2
結晶系	三方晶系
モース硬度	7
分類	酸化鉱物

標本の横幅：7.7 cm／産地：東京都小笠原村兄島めのう岬／所蔵：国立科学博物館（写真・渡邉）

「オコアゲート」と呼ばれる瑪瑙

標本左右：約4 cm／産地：ブラジル Fontoura Xavier, Rio Grande do Sul, Brazil／所蔵：個人蔵 ※学名等は玉髄と同じ。（写真・田中）

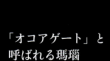

"簾"の石たち

タンザナイト Tanzanite
緑簾石 Epidote
紅簾石 Piemontite

鉱物結晶は柘榴石のように丸っこい結晶だけでなく、角閃石類のように細長い結晶を作りたがるものもある。粗く細長い結晶が並んで集合体を作ると、独特な風合いを醸し出す。これを簾(すだれ)に見立てた、緑簾石という鉱物のグループがある。このグループはケイ酸塩鉱物で、緑簾石のほか褐簾石、紅簾石、斜灰簾石など、多くの鉱物を含む。灰簾石は最初はこの仲間だとされていたが、後に結晶系が違うことにより、仲間外れになってしまった。最近になってタンザニアでバナジウムを含む宝石質の灰簾石が多数見つかり、「タンザナイト」という宝石名で、カット石のほか美しい結晶標本が供給されている。(田中)

タンザナイト

学名	Zoisite (ゾイサイト)
和名	灰簾石 ※タンザナイトは灰簾石の変種名
化学式	$Ca_2Al_3(Si_2O_7)(SiO_4)O(OH)$
結晶系	直方晶系
モース硬度	6〜7
分類	ケイ酸塩鉱物

標本の高さ：7.0 cm／産地：タンザニア Merelani Hills, Lelatema Mountains, Simanjiro District, Manyara Region, Tanzania／所蔵：個人蔵(写真・紀伊國)

30

緑簾石

学名	Epidote（エピドート）
和名	緑簾石（りょくれんせき）
化学式	$Ca_2Al_2Fe^{3+}(Si_2O_7)(SiO_4)O(OH)$
結晶系	単斜晶系
モース硬度	6
分類	ケイ酸塩鉱物

標本の高さ：2.5 cm／産地：ナミビア Tsumeb Mine, Tsumeb, Namibia／所蔵：個人蔵（写真・紀伊國）

紅簾石（下左）

学名	Piemontite（ピーモンタイト）
和名	紅簾石（こうれんせき）
化学式	$Ca_2Al_2Mn^{3+}(Si_2O_7)(SiO_4)O(OH)$
結晶系	単斜晶系
モース硬度	6
分類	ケイ酸塩鉱物

撮影範囲：1.6 cm／産地：長崎県長崎市琴海戸根町戸根鉱山／所蔵：個人蔵（写真・田中）

ストロンチウム緑簾石（下右）

学名	Epidote-(Sr)（エピドート）
和名	ストロンチウム緑簾石（すとろんちうむりょくれんせき）
化学式	$CaSrAl_2Fe^{3+}(Si_2O_7)(SiO_4)O(OH)$
結晶系	単斜晶系
モース硬度	6
分類	ケイ酸塩鉱物

撮影範囲：1.2 cm／産地：高知県香美郡土佐山田町穴内鉱山／所蔵：個人蔵（写真・田中）

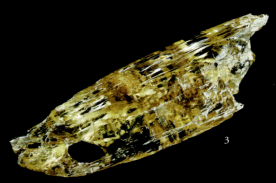

多くの宝石名をもつ鉱物

緑柱石 Beryl

緑柱石といえば緑色のエメラルドが有名だが、他の色にもそれぞれ宝石名が付けられている。水色がアクアマリン、黄緑色や黄色がヘリオドール、ピンク色や紫色がモルガナイト、赤色がレッドベリル、無色透明がゴシェナイトである。発色は微量成分によるもので、エメラルドの緑色はクロムやバナジウムに由来する。同じ緑色でも、発色の原因が鉄である場合には、エメラルドと区別してグリーンベリルと呼ばれる。鉄は、含まれる量や原子の状態の違いで、水色や黄色、またその中間色である緑色や黄緑色の原因となる。（渡邉）

学名	Beryl（ベリル）
和名	緑柱石（りょくちゅうせき）
化学式	$Be_3Al_2(Si_6O_{18})$
結晶系	六方晶系
モース硬度	7 ½ ～ 8
分類	ケイ酸塩鉱物

1, レッドベリル 標本の高さ：2.6 cm／産地：アメリカ Ruby Violet claims, Utah, USA／所蔵：個人蔵　2, エメラルド 標本の高さ：2.5 cm／産地：ナイジェリア Jos Plateau, Nigeria／所蔵：個人蔵（以上、写真・紀伊國）　3, ヘリオドール 結晶の長さ：5.4 cm／産地：ウクライナ Volyn, Ukraine／所蔵：国立科学博物館（写真・渡邉）　4, モルガナイト 標本の高さ：10.2 cm／産地：ブラジル Golconda Mine, Minas Gerais, Brazil／所蔵：個人蔵（写真・紀伊國）

アクアマリン
サイズ区分：Miniature／産地：パキスタン Shigar Valley, Shigar District, Gilgit-Baltistan, Pakistan／所蔵：個人蔵（写真・紀伊國）

傷は天然エメラルドのあかし
緑柱石 Beryl

「傷のない天然エメラルドは存在しない」といわれるほど、エメラルドは傷や内包物が多い宝石である。これは、アクアマリンなどほかの色の緑柱石には見られない特徴である。緑柱石の典型的な生成場所は花崗岩中の空洞であり、空洞でのびのびと成長した緑柱石には、基本的に傷や内包物が少ない。しかし、エメラルドに必須のクロムやバナジウムは花崗岩にはほとんど含まれず、エメラルドの多くは特定の変成岩から産する。それゆえに傷や内包物が多いわけだが、この頁の標本のように、例外として黒色頁岩中の方解石脈にも産する。このタイプには形の整った美しい結晶が多い。（渡邉）

1, エメラルド 標本の横幅：14.9 cm／産地：コロンビア Colombia／所蔵：国立科学博物館（右頁は部分） 2, エメラルド 標本の横幅：3.6 cm／産地：コロンビア Chivor Mine, Colombia／所蔵：国立科学博物館（以上、写真・渡邉）

銅を含む鉱物たち

翠銅鉱 Dioptase
黄銅鉱 Chalcopyrite
ベゼリ石 Veszelyite
アタカマ石 Atacamite
自然銅 Native Copper
孔雀石 Malachite
銅緑礬 Melanterite

銅は製錬のしやすさと導電率の高さから、古くから金属材料として汎用される金属元素だ。自然銅は天然には少量しかなく、大部分の金属銅は銅鉱を製錬して得られる。銅鉱として初期に利用しやすいのは、孔雀石をはじめとする二次鉱物で、これは銅を含んだ鉱物が地表近くで酸化し、他のイオンと結びついた鉱物類だ。独特の緑～青色から、銅の二次鉱物はとてもカラフルで美しい。しかし、銅鉱床を開発すると、地表近くの酸化帯はすぐに底を尽き、地下深部で生じた硫化鉱物に行き当たる。銅を含む鉱物として有用なのは、鉄と銅の硫化物である黄銅鉱が筆頭だろう。黄銅鉱は、黄鉄鉱のように金色に光り輝く結晶で、黄鉄鉱より黄色みが強くぬめっとした破断面なので、慣れると区別がつく。(田中)

標本の高さ：3.3cm／産地：ナミビア Kaokoveld Plateau, Kunene Region, Namibia／所蔵：個人蔵（写真・紀伊國）

翠銅鉱

学名	Dioptase（ダイオプテーズ）
和名	翠銅鉱（すいどうこう）
化学式	$CuSiO_3 \cdot H_2O$
結晶系	三方晶系
モース硬度	5
分類	ケイ酸塩鉱物

黄銅鉱

学名	Chalcopyrite（カルコパイライト）
和名	黄銅鉱（おうどうこう）
化学式	$CuFeS_2$
結晶系	正方晶系
モース硬度	3½～4
分類	硫化鉱物

標本長：3.2 cm／産地：青森県中津軽郡西目屋村尾太鉱山／所蔵：個人蔵（写真・田中）

ベゼリ石（荒川石）

学名	Veszelyite（ベスゼリーアイト）
和名	ベゼリ石（べぜりせき）
化学式	$(Cu,Zn)_2Zn(PO_4)(OH)_3 \cdot 2H_2O$
結晶系	単斜晶系
モース硬度	3½～4
分類	リン酸塩鉱物

撮影範囲：0.8 cm／産地：秋田県仙北市日三市鉱山／所蔵：個人蔵（写真・田中）

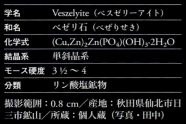

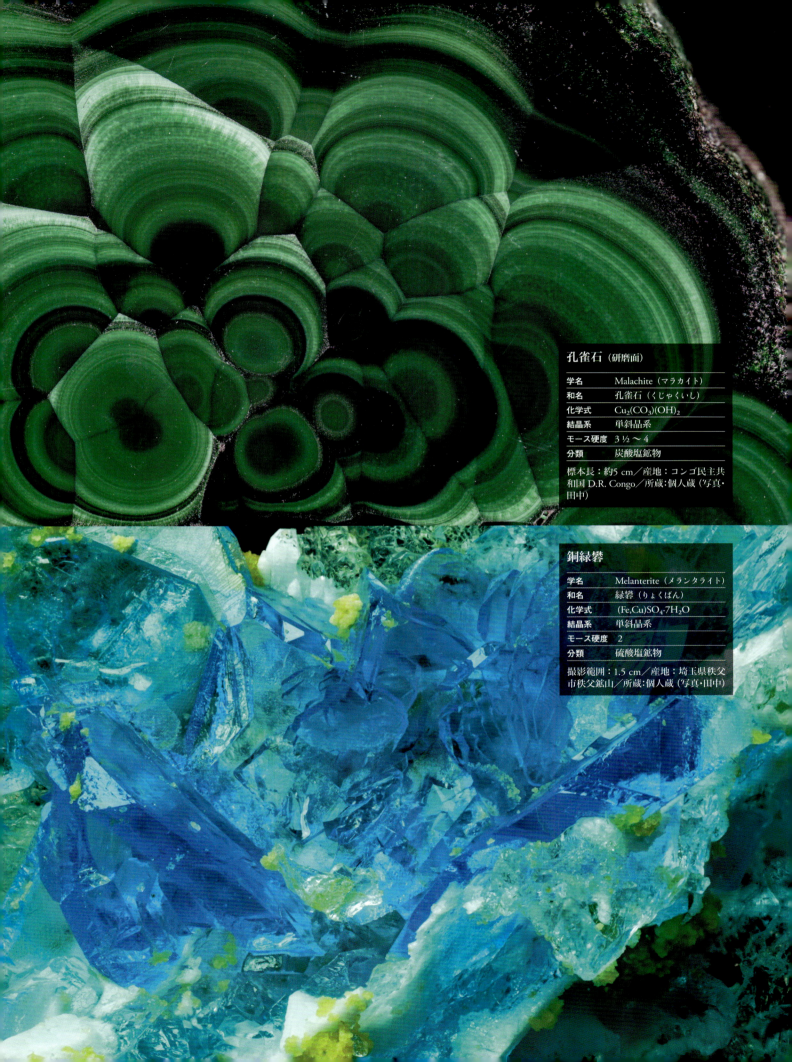

孔雀石（研磨面）

学名	Malachite（マラカイト）
和名	孔雀石（くじゃくいし）
化学式	$Cu_2(CO_3)(OH)_2$
結晶系	単斜晶系
モース硬度	3½～4
分類	炭酸塩鉱物

標本長：約5 cm／産地：コンゴ民主共和国 D.R. Congo／所蔵：個人蔵（写真・田中）

銅緑礬

学名	Melanterite（メランタライト）
和名	緑礬（りょくばん）
化学式	$(Fe,Cu)SO_4\cdot 7H_2O$
結晶系	単斜晶系
モース硬度	2
分類	硫酸塩鉱物

撮影範囲：1.5 cm／産地：埼玉県秩父市秩父鉱山／所蔵：個人蔵（写真・田中）

燐灰石とその仲間たち

フッ素燐灰石 Fluorapatite
ミメット鉱 Mimetite
褐鉛鉱 Vanadinite

地質作用によってできた天然のリン酸カルシウム（カルシウムのリン酸塩）が燐灰石である。鉱物種としてフッ素燐灰石、水酸燐灰石、塩素燐灰石が知られるが、産出量はフッ素燐灰石が圧倒的に多い。燐灰石と結晶構造が同じで主成分が異なる鉱物に、緑鉛鉱（鉛のリン酸塩）、ミメット鉱（鉛のヒ酸塩）、褐鉛鉱（鉛のバナジン酸塩）などがある。リン酸イオン $[(PO_4)^{3-}]$ は四面体型の陰イオン原子団で、中心のリンはヒ素やバナジウムと置き換わることができる。そのため、リン酸塩、ヒ酸塩、バナジン酸塩は分類上近い関係にある。（渡邉）

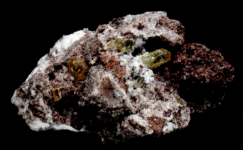

フッ素燐灰石

学名	Fluorapatite（フルオロアパタイト）
和名	フッ素燐灰石（ふっそりんかいせき）
化学式	$Ca_5(PO_4)_3F$
結晶系	六方晶系
モース硬度	5
分類	リン酸塩鉱物

標本の横幅：22.3 cm 中央の結晶の長さ：3.2 cm／産地：メキシコ Durango, Mexico／所蔵：国立科学博物館　上は部分（写真・渡邉）

フッ素燐灰石と蛍石

サイズ区分：Miniature／産地：ポルトガル Panasqueira Mines, Aldeia de São Francisco de Assis, Covilhã, Castelo Branco, Portugal／所蔵：個人蔵（写真・紀伊國）

ミメット鉱

学名	Mimetite（ミメタイト）
和名	ミメット鉱（みめっとこう）
化学式	$Pb_5(AsO_4)_3Cl$
結晶系	六方晶系
モース硬度	3 ½ 〜 4
分類	ヒ酸塩鉱物

標本の高さ：2.5 cm／産地：ナミビア Tsumeb Mine, Tsumeb, Namibia／所蔵：個人蔵（写真・紀伊國）

褐鉛鉱

学名	Vanadinite（バナディナイト）
和名	褐鉛鉱（かつえんこう）
	バナジン鉛鉱（ばなじんえんこう）
化学式	$Pb_5(VO_4)_3Cl$
結晶系	六方晶系
モース硬度	2 ½ 〜 3
分類	バナジン酸塩鉱物

標本の横幅：12.0 cm／産地：モロッコ Mibladen, Midelt Prov., Drâa-Tafilalet, Morocco／所蔵：個人蔵（写真・紀伊國）

41

沸石、原子のジャングルジム

束沸石 Stilbite-Ca
剥沸石 Epistilbite
菱沸石 Chabazite
灰十字沸石 Phillipsite-Ca
輝沸石 Heulandite-Ca
斜プチロル沸石 Clinoptilolite-Ca
湯河原沸石 Yugawaralite

束沸石

学名	Stilbite-Ca（スティルバイト）
和名	束沸石（たばふっせき）
化学式	$NaCa_4(Si_{27}Al_9)O_{72}\cdot 28H_2O$
結晶系	単斜晶系
モース硬度	3½～4
分類	ケイ酸塩鉱物

標本長：約6 cm／産地：インド Nashik, Maharashtra, India／所蔵：個人蔵（写真・田中）

剥沸石と灰礬柘榴石

学名	Epistilbite（エピスティルバイト）
和名	剥沸石（はくふっせき）
化学式	$CaAl_2Si_6O_{16}\cdot 5H_2O$
結晶系	単斜晶系
モース硬度	4
分類	ケイ酸塩鉱物

撮影範囲：0.9 cm／産地：群馬県安中市松井田町碓氷峠／所蔵：個人蔵（写真・田中）

菱沸石

学名	Chabazite（チャバザイト）
和名	菱沸石（りょうふっせき）
化学式	$(Ca,K_2,Na_2)_2[Al_2Si_4O_{12}]_2 \cdot 12H_2O$
結晶系	三斜晶系
モース硬度	4～5
分類	ケイ酸塩鉱物

撮影範囲：0.9 cm／産地：埼玉県比企郡吉見町／所蔵：個人蔵（写真・田中）

灰十字沸石

学名	Phillipsite-Ca（フィリップサイト）
和名	灰十字沸石（かいじゅうじふっせき）
化学式	$Ca_3(Si_{10}Al_6)O_{32} \cdot 12H_2O$
結晶系	単斜晶系
モース硬度	4～4½
分類	ケイ酸塩鉱物

撮影範囲：0.5 cm／産地：東京都小笠原村父島／所蔵：個人蔵（写真・田中）

輝沸石

学名	Heulandite-Ca（ヒューランダイト）
和名	輝沸石（きふっせき）
化学式	$(Ca,Na)_{2-3}Al_3(Al,Si)_2Si_{13}O_{36}\cdot 12H_2O$
結晶系	単斜晶系
モース硬度	3½〜4
分類	ケイ酸塩鉱物

撮影範囲：1.6 cm／産地：東京都小笠原村父島／所蔵：個人蔵（写真・田中）

沸石（ゼオライト）は狭義では骨格がかご状構造を示すアルミノケイ酸塩（ケイ素の一部をアルミニウムで置き換えたケイ酸塩）で、天然のもので約100種弱存在する。かご中の陽イオンおよび水が容易に他イオンまたは分子と交換できるため、産業では触媒やイオン交換・捕集材などの用途に用いられる。多くは比較的低温の、水の多い環境で生じる鉱物であり、火山岩の多い日本では、至る所で見出される。沸石類は一般に小さな結晶が多いが、種による結晶形態にそれぞれ特徴があり、沸石を好むコレクターも多い。（田中）

斜プチロル沸石

学名	Clinoptilolite-Ca（クリノプチロライト）
和名	斜プチロル沸石（しゃぷちろるふっせき）
化学式	$Ca_3(Si_{30}Al_6)O_{72}\cdot 20H_2O$
結晶系	単斜晶系
モース硬度	3½〜4
分類	ケイ酸塩鉱物

撮影範囲：1.2 cm／産地：静岡県賀茂郡河津町菖蒲沢／所蔵：個人蔵（写真・田中）

湯河原沸石

学名	Yugawaralite（ユガワラライト）
和名	湯河原沸石（ゆがわらふっせき）
化学式	$CaAl_2Si_6O_{16}\cdot 4H_2O$
結晶系	単斜晶系
モース硬度	4½〜5
分類	ケイ酸塩鉱物

撮影範囲：1.2 cm／産地：神奈川県足柄下郡湯河原町不動滝／所蔵：個人蔵（写真・田中）

マンガンの赤 I

菱マンガン鉱 Rhodochrosite

菱マンガン鉱はマンガンの炭酸塩であり、鮮やかな赤系の色は主成分のマンガンに由来する。紅色や濃いピンク色の透明度の高い結晶が産するのは、南アフリカ共和国ジョー・モロロン地方自治体のヌチュワニン鉱山やホットアゼール鉱山、米国コロラド州のスイートホーム鉱山にほぼ限られ、コレクター向けの標本として人気が高い。代表的な結晶形は、犬牙状や菱形六面体。硬度が低い上に完全な劈開（結晶の特定方位でほぼ平面状に割れる性質）があり、単結晶が宝石としてカットされることはほとんどない。鍾乳状の多結晶は「インカローズ」の別名で知られる。（渡邉）

学名	Rhodochrosite（ロードクロサイト）
和名	菱マンガン鉱（りょうまんがんこう）
化学式	$MnCO_3$
結晶系	三方晶系
モース硬度	3½～4
分類	炭酸塩鉱物

1, 標本の横幅：3.2 cm／産地：アメリカ Sweet Home Mine, Alma, Colorado, USA／所蔵：個人蔵　2, 標本の高さ：6.8 cm／産地：ドイツ Wolf Mine, Herdorf, Rhineland-Palatinate, Germany／所蔵：個人蔵　3, 標本の高さ：4.6 cm／産地：南アフリカ共和国 N'Chwaning Mines, Joe Morolong Local Municipality, John Taolo Gaetsewe District Municipality, Northern Cape, South Africa／所蔵：個人蔵（以上、写真・紀伊國）

薔薇輝石

学名	Rhodonite（ロードナイト）
和名	ロードン石（ろーどんせき） 薔薇輝石（ばらきせき）
化学式	$CaMn_3Mn(Si_5O_{15})$
結晶系	三斜晶系
モース硬度	5½〜6½
分類	ケイ酸塩鉱物

1, 標本の横幅：4.0 cm／産地：栃木県鹿沼市加蘇鉱山／所蔵：国立科学博物館　2, 標本の横幅：1.4 cm／産地：オーストラリア Broken Hill, New South Wales, Australia／所蔵：国立科学博物館（以上、写真・渡邉）

マンガンの赤 II

薔薇輝石 Rhodonite ／南部石 Nambulite

炭酸塩の菱マンガン鉱に対し、薔薇輝石はマンガンのケイ酸塩である。紅色や濃いピンク色の発色は、やはり主成分のマンガンによる。菱マンガン鉱よりも硬度が高いものの、二方向に完全な劈開があり、単結晶が宝石に利用されることは少ない。劈開片は四角柱状で、この特徴から かつては輝石の一種だと考えられていたが、薔薇輝石は輝石グループ（輝石族）ではなく、準輝石である薔薇輝石族に分類される。岩手県舟子沢鉱山から発見された新種の鉱物、南部石も、同じく赤系の色をしたマンガンのケイ酸塩である。（渡邉）

南部石

学名	Nambulite（ナンブライト）
和名	南部石（なんぶせき）
化学式	$(Li,Na)Mn^{2+}_4Si_5O_{14}(OH)$
結晶系	三斜晶系
モース硬度	6½
分類	ケイ酸塩鉱物

標本の横幅：1.0 cm ／産地：ナミビア Kombat Mine, Kombat, Otjozondjupa Region, Namibia ／所蔵：個人蔵（写真：紀伊國）

	銅スクロドフスカ石
学名	Cuprosklodowskite（キュプロスクロドフスカイト）
和名	銅スクロドフスカ石（どうすくろどふすかせき）
化学式	$Cu(UO_2)_2(HSiO_4)_2 \cdot 6(H_2O)$
結晶系	三斜晶系
モース硬度	4
分類	ケイ酸塩鉱物

標本長：約 5 cm ／産地：コンゴ民主共和国 Musonoi Mine, Kolwezi, Katanga, D.R. Congo ／所蔵：個人蔵（写真・田中）

ウランとその資源

銅スクロドフスカ石 Cuprosklodowskite
閃ウラン鉱 Uraninite
燐灰ウラン石 Autunite
キュリー石 Curite

ウランは代表的なアクチノイド元素で、一般的にはなじみがあまりないのだが、比較的地殻中に広く多く存在する。核分裂型原子炉の主要核燃料で、ウラン鉱は戦中より各国が血眼になって探鉱した。有名なのはコンゴで、米国マンハッタン計画のウランの一部はここから供給されている。ウランは初生鉱物である酸化物の閃ウラン鉱ができ、これが地表近くで加水分解してウラニルイオンとなり、これが他のイオンと結びついてカラフルな鉱物を多く作る。微弱な放射線を出すものの、ウラン鉱物の美しさは鉱物コレクターをとりこにする。（田中）

	閃ウラン鉱
学名	Uraninite（ウラニナイト）
和名	閃ウラン鉱（せんうらんこう）
化学式	UO_2
結晶系	立方晶系
モース硬度	5 - 6
分類	酸化鉱物

撮影幅：2.5 cm ／産地：アメリカ Swamp Quarry, Topsham, Maine, USA ／所蔵：個人蔵（写真・田中）

50

燐灰ウラン石

学名	Autunite（オーチュナイト）
和名	燐灰ウラン石（りんかいうらんせき）
化学式	$Ca(UO_2)_2(PO_4)_2 \cdot 10\text{-}12H_2O$
結晶系	正方晶系
モース硬度	2 ½
分類	リン酸塩鉱物

標本長：4.8 cm ／産地：アメリカ Daybreak Mine, Mount Kit Carson, Spokane Co., Washington, USA ／所蔵：個人蔵（写真・田中）

キュリー石

学名	Curite（キューライト）
和名	キュリー石（きゅりーせき）
化学式	$Pb_3(H_2O)_2[(UO_2)_4O_4(OH)_3]_2$
結晶系	直方晶系
モース硬度	4-5
分類	酸化鉱物

撮影幅：約 2 cm ／産地：コンゴ民主共和国 Shinkolobwe Mine, Shinkolobwe, Haut-Katanga, D.R. Congo ／所蔵：個人蔵（写真・田中）

ハリス鉱
（方鉛鉱後のデュルレ鉱）

学名	Djurleite（デュルレアイト）
和名	デュルレ鉱（でゅるれこう）
化学式	$Cu_{31}S_{16}$
結晶系	単斜晶系
モース硬度	2½～3
分類	硫化鉱物

撮影幅：約23 cm／産地：秋田県鹿角市尾去沢鉱山／所蔵：東北大学自然史標本館（写真・田中）

正長石後の緑簾石

学名	Epidote（エピドート）
和名	緑簾石（りょくれんせき）
化学式	$Ca_2Al_2Fe^{3+}(Si_2O_7)(SiO_4)O(OH)$
結晶系	単斜晶系
モース硬度	6
分類	ケイ酸塩鉱物

標本長：3.5 cm／産地：アメリカ Orogrande, Otero, New Mexico, USA／所蔵：個人蔵（写真・田中）

羊の皮をかぶった狼—仮晶と置換—

ハリス鉱 Djurleite ／正長石後の緑簾石 Epidote ／石英 Quartz ／方解石 Calcite

鉱物の結晶化・成長条件は想像以上に微妙で、何らかの条件のときに鉱物結晶の結晶核が形成され、それが成長していく。その核形成の足掛かりはいろいろなものが選ばれる。ある鉱物結晶が別の成分の鉱物に置き換わることがあり、これを仮晶という。成分の一部を引き継ぐ場合も、そうでないこともある。化石の一部を置き換えることも多く、殻が黄鉄鉱に置換したアンモナイト、藍鉄鉱になった植物やマンモス、瑪瑙や石膏に置き換わった材木や貝などが知られる。宮沢賢治の小説の「貝の火」は、一説にはオパールになった貝をモチーフとしている。なお、置換のほかに「充填」もある。右頁下のアンモナイトは、殻の内部が方解石によって充填されたものである。（田中）

瑪瑙に置換された巻貝

学名	Quartz（クォーツ）
和名	石英（せきえい）
化学式	SiO_2
結晶系	三方晶系
モース硬度	7
分類	ケイ酸塩

最大長：3.5 cm／産地：モロッコ
near Assa, Morocco／所蔵：個人蔵（写真・田中）

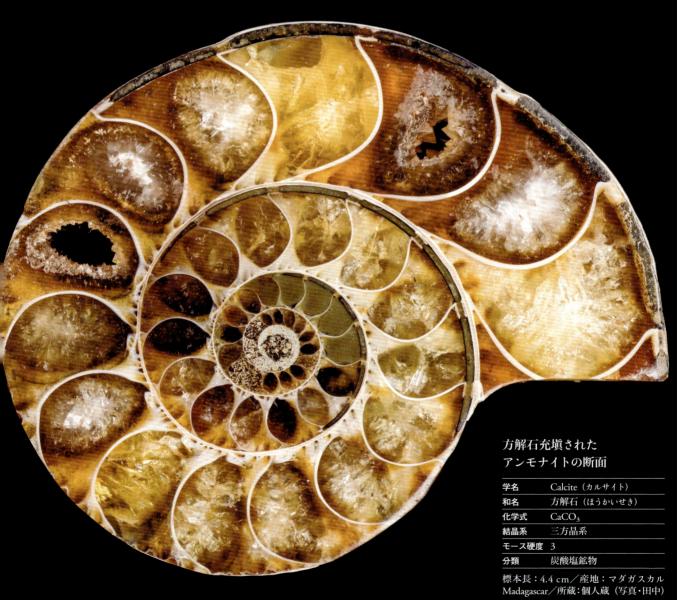

**方解石充塡された
アンモナイトの断面**

学名	Calcite（カルサイト）
和名	方解石（ほうかいせき）
化学式	$CaCO_3$
結晶系	三方晶系
モース硬度	3
分類	炭酸塩鉱物

標本長：4.4 cm／産地：マダガスカル
Madagascar／所蔵：個人蔵（写真・田中）

直方硫黄（上）

学名	Sulfur（サルファー）
和名	硫黄（いおう）
化学式	S_8
結晶系	直方晶系
モース硬度	1½～2½
分類	元素鉱物

撮影幅：約12 cm／産地：青森県むつ市大畑町恐山／野外写真（写真・田中）

単斜硫黄（下）

学名	Clinosulfur（クリノサルファー）
和名	単斜硫黄（たんしゃいおう）
化学式	S_8
結晶系	単斜晶系
モース硬度	1½～2½
分類	元素鉱物

撮影幅：1.0 cm／産地：北海道登別市登別温泉／所蔵：個人蔵（写真・田中）

相転移

直方硫黄 Sulfur
単斜硫黄 Clinoulfur
ベータ石英 beta-Quartz
低温石英 Quartz

結晶内部の原子配列は温度や圧力によって最安定な配列が異なることがあり、そのような結晶は生成温度から常温になるときに構造が変化する。これを相転移という。例えば硫黄は96℃以上では単斜晶系の細長い単斜硫黄が安定に生成するが、それ以下の温度では直方晶系の構造が安定である。前者を室温に放置すると数時間で後者に変化し、外形を保ったまま白く濁ってしまう。石英は、573℃以上では柱面の存在しない高温石英が安定生成し、これが冷却すると外形を保ったまま原子配列の対称性が下がり、低温石英になる。地球深部ではカンラン石の高温高圧相が広く存在するが、残念ながら手に取ることはできない。（田中）

高温石英後の低温石英

学名	beta-Quartz（ベータクオーツ）
和名	ベータ石英（べーたせきえい）
化学式	SiO$_2$
結晶系	六方晶系
モース硬度	7
分類	酸化鉱物

撮影幅：3.0 cm／産地：愛媛県上浮穴郡久万高原町千本峠／所蔵：個人蔵（写真・田中）

低温石英（水晶）

学名	Quartz（クオーツ）
和名	石英（せきえい）
化学式	SiO$_2$
結晶系	三方晶系
モース硬度	7
分類	酸化鉱物

撮影幅：1.5 cm／産地：静岡県賀茂郡西伊豆町宇久須黄金崎／所蔵：個人蔵（写真・田中）

絵具になる鉱物
辰砂 Cinnabar ／藍銅鉱 Azurite ／孔雀石 Malachite

人類が初めて手に入れた絵の具は、おそらく赤鉄鉱の赤だった。鉱物には美しい色合いを示すものが多く、かつ安定であることから、先史時代から今日に至るまで色材（顔料）として使われているものがある。赤は硫化水銀の辰砂や赤鉄鉱から得られた。青は藍銅鉱やラピスラズリから、緑は孔雀石や緑土を用いた。硫化カドミウムの黄色、クロムのオレンジ、硫化ヒ素の黄色も多用された。その中には、元素毒性のために現在では使われなくなった物も少なくない。古い絵画を見ると、鉱物を原料とした絵の具の色を見ることができる。（田中）

辰砂──朱

学名	Cinnabar（シナバー）
和名	辰砂（しんしゃ）
化学式	HgS
結晶系	三方晶系
モース硬度	2〜2½
分類	硫化鉱物

標本の高さ：2.8 cm／産地：中国 Tongren Mine, Bijiang District, Tongren, Guizhou, China／所蔵：個人蔵（写真・紀伊國）

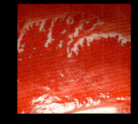

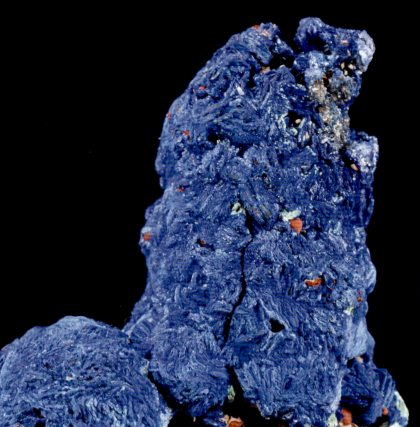

藍銅鉱──岩群青

学名	Azurite（アズライト）
和名	藍銅鉱（らんどうこう）
化学式	$Cu_3(CO_3)_2(OH)_2$
結晶系	単斜晶系
モース硬度	4
分類	炭酸塩鉱物

標本長：約5 cm／産地：Bou Beker mine, Jerada, Oriental, Morocco／所蔵：個人蔵（写真・田中）

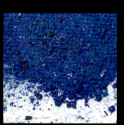

孔雀石──岩緑青

学名	Malachite（マラカイト）
和名	孔雀石（くじゃくいし）
化学式	$Cu_2(CO_3)(OH)_2$
結晶系	単斜晶系
モース硬度	3½〜4
分類	炭酸塩鉱物

標本長：約5 cm／産地：コンゴ民主共和国 D.R. Congo／所蔵：個人蔵（写真・田中）

硫カドミウム鉱 Greenockite ／紅鉛鉱 Crocoite ／石黄 Orpiment
セラドン石 Celadonite ／ラピスラズリ Lazurite ／コバルト華 Erythrite

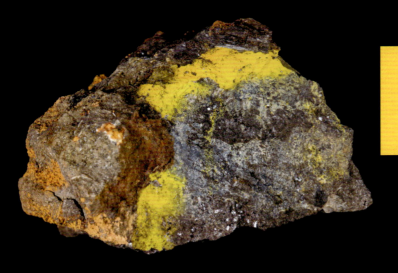

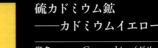

硫カドミウム鉱
──カドミウムイエロー

学名	Greenockite（グリーノッカイト）
和名	硫カドミウム鉱（りゅうかどみうむこう）
化学式	CdS
結晶系	六方晶系
モース硬度	$3 \sim 3\frac{1}{2}$
分類	硫化鉱物

標本長：約6 cm／産地：岐阜県飛騨市神岡鉱山／所蔵：個人蔵（写真・田中）

紅鉛鉱
──クロムイエロー

学名	Crocoite（クロコアイト）
和名	紅鉛鉱（こうえんこう）
化学式	PbCrO$_4$
結晶系	単斜晶系
モース硬度	$2\frac{1}{2} \sim 3$
分類	クロム酸塩鉱物

標本長：約4 cm／産地：オーストラリア Adelaide mine, Dundas, Tasmania, Australia／所蔵：個人蔵（写真・田中）

石黄
──キングスイエロー

学名	Orpiment（オーピメント）
和名	石黄（せきおう）
化学式	As$_2$S$_3$
結晶	単斜晶系
モース硬度	$1\frac{1}{2} \sim 2$
分類	硫化鉱物

標本長：約14 cm／産地：中国 Shimen, Hunan, China／所蔵：個人蔵（写真・田中）

セラドン石
──隠岐緑

学名	Celadonite（セラドナイト）
和名	セラドン石（せらどんせき）
化学式	$K(Mg,Fe^{2+})(Fe^{3+},Al)[Si_4O_{10}](OH)_2$
結晶系	単斜晶系
モース硬度	2
分類	ケイ酸塩鉱物

標本長：約6 cm／産地：島根県隠岐郡隠岐の島町那久／所蔵：益富地学会館（写真・田中）

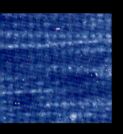

ラピスラズリ
──ウルトラマリン

学名	Lazurite（ラズライト）
和名	青金石（せいきんせき）
化学式	$(Na,Ca)_8[(S,Cl,SO_4,OH)_2|(Al_6Si_6O_{24})]$
結晶系	立方晶系
モース硬度	5 〜 5 ½
分類	ケイ酸塩鉱物

標本長：約6 cm／産地：アフガニスタン Sar-e-ang, Badakhshan, Afghanistan／所蔵：個人蔵（写真・田中）

コバルト華
──コバルトバイオレットライト

学名	Erythrite（エリスライト）
和名	コバルト華（こばるとか）
化学式	$Co_3(AsO_4)_2 \cdot 8H_2O$
結晶系	単斜晶系
モース硬度	1 ½ 〜 2 ½
分類	ヒ酸塩鉱物

標本長：3.6 cm／産地：モロッコ Bou Azzer, Tazenakht, Ouarzazate, Morocco／所蔵：個人蔵（写真・田中）

59

スコロド石

学名	Scorodite（スコロダイト）
和名	スコロド石（すころどせき）
化学式	$Fe^{3+}AsO_4 \cdot 2H_2O$
結晶系	直方晶系
モース硬度	3½〜4
分類	ヒ酸塩鉱物

標本の高さ：1.7 cm／産地：ナミビア Tsumeb Mine, Tsumeb, Namibia／所蔵：個人蔵（写真・紀伊國）

石黄

学名	Orpiment（オーピメント）
和名	石黄（せきおう）
化学式	As_2S_3
結晶系	単斜晶系
モース硬度	1½〜2
分類	硫化鉱物

標本の長さ：6.6 cm／産地：中国 China／所蔵：国立科学博物館（写真・渡邉）

毒の石 I
――ヒ素を含む鉱物

スコロド石 Scorodite
オリーブ銅鉱 Olivenite
石黄 Orpiment
硫砒鉄鉱 Arsenopyrite
鶏冠石 Realgar

ヒ素は、酸素と結合して水に溶けると、猛毒の亜ヒ酸になる危険な元素である。ヒ素を含む鉱物そのものが猛毒というわけではないが、触った後は手を洗う、口に入れない、などの注意は必要である。硫砒鉄鉱の昔の呼び名は「毒砂」で、加熱すると表面に三酸化二ヒ素という白い物質を生じる。これを口に入れてしまうと、体の中の水分で亜ヒ酸ができ、中毒症状が現れる。鉄のヒ酸塩であるスコロド石は、かつては「葱臭石（そうしゅうせき）」という和名で呼ばれていた。ハンマーなどで叩くとニンニクやネギ（葱）のような香りがする。（渡邉）

オリーブ銅鉱

学名	Olivenite（オリビナイト）
和名	オリーブ銅鉱（おりーぶどうこう）
化学式	$Cu_2(AsO_4)(OH)$
結晶系	単斜晶系
モース硬度	3
分類	ヒ酸塩鉱物

標本の高さ：4.8 cm／産地：ナミビア Tsumeb Mine, Tsumeb, Namibia／所蔵：個人蔵（写真・紀伊國）

硫砒鉄鉱

学名	Arsenopyrite（アーセノパイライト）
和名	硫砒鉄鉱（りゅうひてっこう）
化学式	FeAsS
結晶系	単斜晶系
モース硬度	5 ½ ～ 6
分類	硫化鉱物

標本の横幅：10.6 cm／産地：埼玉県秩父市
秩父鉱山大滝大黒鉱床／所蔵：国立科学博
物館（写真・渡邉）

鶏冠石

学名	Realgar（リアルガー）
和名	鶏冠石（けいかんせき）
化学式	As_4S_4
結晶系	単斜晶系
モース硬度	1 ½ ～ 2
分類	硫化鉱物

標本の写真部分の横幅：3.2 cm／産地：ア
メリカ Green River Gorge, Franklin, King Co.,
Washington, USA／所蔵：国立科学博物館（写
真・渡邉）

毒重土石	
学名	Witherite（ウィゼライト）
和名	毒重土石（どくじゅうどせき）
化学式	$BaCO_3$
結晶系	直方晶系
モース硬度	3〜3½
分類	炭酸塩鉱物

標本の横幅：8.0 cm／産地：アメリカ Minerva Mine, Golconda, Pope Co., Illinois, USA／所蔵：国立科学博物館（写真・渡邉）

毒の石 II
——バリウム、水銀を含む鉱物

毒重土石 Witherite　　辰砂 Cinnabar

毒重土石はバリウムの炭酸塩（炭酸バリウム）である。水には溶けにくいが酸には溶けるため、誤って口に入れると胃酸で溶けてバリウムがイオンとなり、体内に吸収されて毒性が現れる。胃のレントゲン検査で飲む「バリウム」は硫酸バリウムであり、こちらは水にも酸にも溶けないため、飲んでも危険はない。辰砂は水銀の硫化物である。水銀は水俣病の原因にもなった毒性の強い元素であるが、メチル水銀などの有機水銀に比べ、無機水銀である辰砂の毒性はそれほど強くない。400℃以上の加熱で発生する水銀蒸気には注意。（渡邉）

辰砂

学名	Cinnabar（シナバー）
和名	辰砂（しんしゃ）
化学式	HgS
結晶系	三方晶系
モース硬度	2 〜 2½
分類	硫化鉱物

標本の写真部分の横幅：1.2 cm／産地：北海道常呂郡置戸町紅ノ沢／所蔵：国立科学博物館（写真・渡邉）

柘榴石を規定するガーネット型構造
苦礬柘榴石 Pyrope ／鉄礬柘榴石 Almandine

「柘榴石（ガーネット）」は単一の鉱物種名ではなく、グループ名（族名あるいは超族名）であり、化学式が$M^{II}_3M^{III}_2(SiO_4)_3$で表される同様な結晶構造をもつ種々の鉱物がこれに含まれる（M^{II}は2価の陽イオン、M^{III}は3価の陽イオン）。この結晶構造をガーネット型構造という。宝石に使われる濃い赤色の柘榴石は、苦礬柘榴石であることが多い。マグネシウムを意味する「苦」とアルミニウムを意味する「礬」からわかる通り、苦礬柘榴石の化学式は、M^{II}にマグネシウムイオン（Mg^{2+}）が、M^{III}にアルミニウムイオン（Al^{3+}）が入る。（渡邉）

苦礬柘榴石

学名	Pyrope（パイロープ）
和名	苦礬柘榴石（くばんざくろいし）
化学式	$Mg_3Al_2(SiO_4)_3$
結晶系	立方晶系
モース硬度	7〜7½
分類	ケイ酸塩鉱物

粒の大きさ：0.4〜0.7 cm／産地：アメリカ Navajo Nation, USA／所蔵：国立科学博物館（写真・渡邉）

母岩中央の結晶の横幅：1.2 cm ／産地：アメリカ Garnet Ledge, Wrangel City and Bourough, Alaska, USA ／所蔵：個人蔵（写真・紀伊國）

鉄礬柘榴石

学名	Almandine（アルマンディン）
和名	鉄礬石榴石（てつばんざくろいし）
化学式	$Fe^{2+}_3Al_2(SiO_4)_3$
結晶系	立方晶系
モース硬度	7 〜 7 ½
分類	ケイ酸塩鉱物

混ざり合う柘榴石の成分
満礬柘榴石 Spessartine／灰礬柘榴石 Grossular

主成分の違いでそれぞれの鉱物種名をもつ柘榴石グループだが、鉱物種ごとにきっちりと成分が分かれているわけではなく、互いに混ざり合って中間的な成分になっているのが普通である。例えば、マンガンを主成分とする満礬柘榴石の場合、本来の色は薄めのオレンジ色だが、鉄礬柘榴石の成分が混ざれば赤みが強くなるし、苦礬柘榴石の成分が混ざればピンク色になる。また、「ツァボライト」の宝石名で知られる美しい緑色の灰礬柘榴石には、発色の原因となるバナジウムに加え、灰クロム柘榴石の成分も混ざっている。（渡邉）

満礬柘榴石（凧形二十四面体）

学名	Spessartine（スペサルティン）
和名	満礬柘榴石（まんばんざくろいし）
化学式	$Mn^{2+}{}_3Al_2(SiO_4)_3$
結晶系	立方晶系
モース硬度	6½～7½
分類	ケイ酸塩鉱物

中央の大きな結晶の横幅：0.4 cm／産地：中国 Wushan Mine, Tongbei, Fujian, China／所蔵：地学舎（写真・渡邉）

ツァボライト

学名	Grossular（グロッシュラー）
和名	灰礬柘榴石（かいばんざくろいし） ※ツァボライトは灰礬柘榴石の変種名。
化学式	$Ca_3Al_2(SiO_4)_3$
結晶系	立方晶系
モース硬度	7～7½
分類	ケイ酸塩鉱物

標本の高さ：3.0 cm／産地：タンザニア Merelani Hills, Lelatema Mountains, Simanjiro District, Manyara Region, Tanzania／所蔵：個人蔵（写真・紀伊國）

水鉛鉛鉱

学名	Wulfenite（ウルフェナイト）
和名	水鉛鉛鉱（すいえんえんこう） モリブデン鉛鉱（もりぶでんえんこう）
化学式	Pb(MoO$_4$)
結晶系	正方晶系
モース硬度	2 ½ 〜 3
分類	モリブデン酸塩鉱物

標本の高さ：2.7 cm／産地：メキシコ La Morita Mine, Ascención Municipality, Chihuahua, Mexico／所蔵：個人蔵（写真・紀伊國）

輝水鉛鉱

学名	Molybdenite（モリブデナイト）
和名	輝水鉛鉱（きすいえんこう）
化学式	MoS_2
結晶系	六方晶系
モース硬度	1〜1½
分類	硫化鉱物

標本の横幅：3.4 cm／産地：岐阜県大野郡白川村平瀬鉱山／所蔵：国立科学博物館（写真・渡邉）

モリブデンかクロムか

水鉛鉛鉱 Wulfenite／輝水鉛鉱 Molybdenite

「水鉛」とはモリブデンのことで、水鉛鉛鉱は鉛のモリブデン酸塩である（化学式は$Pb(MoO_4)$）。「モリブデン鉛鉱」の別名でも知られるこの鉱物は、純粋なものは無色透明だが、モリブデンの一部がクロムやバナジウムと容易に置き換わるため、これらの元素の含有により、天然で産するものは黄色、オレンジ色、赤色をしているのが普通である。割合としてクロムがモリブデンを上回ると、クロム酸塩の紅鉛鉱に分類される。モリブデンを主成分とする鉱物としては稀産で、モリブデンの資源になるのは硫化物である輝水鉛鉱である。（渡邉）

自発的に電気分極する鉱物
鉄電気石 Schorl ／リチア電気石 Elbaite

宝石名の「トルマリン」で有名な電気石の仲間（電気石超族）には、宝石になるリチア電気石を含め20以上の独立種が知られている。化学式は$AB_3C_6(Si_6O_{18})(BO_3)_3X_3Y$で表され、主成分にホウ素を含むケイ酸塩である（式中のA、B、C、X、Yにはさまざまなイオンが入る）。電気石には、電場のない状態でも自発的に電気分極する特徴があり、結晶の一端がプラスに、反対の端がマイナスに常に帯電している。それゆえに、温度変化に伴って微弱な電流を生じる性質（焦電性）を有する。焦電性は異極晶の鉱物だけに見られる特異な性質である。（渡邉）

鉄電気石

学名	Schorl（ショール）
和名	鉄電気石（てつでんきせき）
化学式	$NaFe^{2+}{}_3Al_6(Si_6O_{18})(BO_3)_3(OH)_3(OH)$
結晶系	三方晶系
モース硬度	7
分類	ケイ酸塩鉱物

標本の横幅：12.5 cm／産地：ブラジル Araçuaí, Minas Gerais, Brazil／所蔵：国立科学博物館（写真・渡邉）

ルベライト

学名	Elbaite（エルバイト）
和名	リチア電気石（りちあでんきせき） ※ルベライトは紅色のリチア電気石に付けられた変種名。
化学式	Na(Li$_{1.5}$Al$_{1.5}$)Al$_6$(Si$_6$O$_{18}$)(BO$_3$)$_3$(OH)$_3$(OH)
結晶系	三方晶系
モース硬度	7 ½
分類	ケイ酸塩鉱物

標本の高さ：7 cm／産地：ブラジル Jonas Mine, Conselheiro Pena, Minas Gerais, Brazil／所蔵：個人蔵（写真・紀伊國）

71

色彩豊かなゾーニング

リチア電気石 Elbaite
フッ素リディコート電気石 Fluor-liddicoatite

リチア電気石の結晶には、しばしばカラフルなゾーニング（累帯構造）が見られる。赤、ピンク、緑、青などの鮮やかな色が、2色か3色、あるいはそれ以上組み合わさって一つの結晶を彩る。発色は微量成分のマンガンや鉄、クロムなどによるもので、この種のゾーニングは、結晶成長の間に起こった溶液中の微量成分の変化（濃度や組成）を反映している。また、リチア電気石のナトリウムに代えてカルシウムを、水酸化物イオンの一部に代えてフッ素イオンを含むフッ素リディコート電気石にも、同様のゾーニングが見られる。（渡邉）

リチア電気石

学名	Elbaite（エルバアイト）
和名	リチア電気石（りちあでんきせき）
化学式	$Na(Li_{1.5}Al_{1.5})Al_6(Si_6O_{18})(BO_3)_3(OH)_3(OH)$
結晶系	三方晶系
モース硬度	7 ½
分類	ケイ酸塩鉱物

1, 標本の高さ：6.1 cm／産地：アメリカ Himalaya Mine, Mesa Grande, San Diego Co., California, USA／所蔵：国立科学博物館（写真・渡邉）　2, 標本の高さ：2.8 cm／産地：アフガニスタン Paprok, Kamdesh District, Nuristan, Afghanistan／所蔵：個人蔵　3, 標本の高さ：5.3 cm／産地：アフガニスタン Paprok, Kamdesh District, Nuristan, Afghanistan／所蔵：個人蔵（以上、写真・紀伊國）

フッ素リディコート電気石

学名	Fluor-liddicoatite（フルオロリディコータイト）
和名	フッ素リディコート電気石（ふっそりでぃこーとでんきせき）
化学式	$Ca(Li_2Al)Al_6(Si_6O_{18})(BO_3)_3(OH)_3F$
結晶系	三方晶系
モース硬度	7 ½
分類	ケイ酸塩鉱物

4, 標本の横幅：2.1 cm／産地：マダガスカル Vohitrakanga pegmatite, Andrembesoa, Betafo District, Vakinankaratra, Madagascar／所蔵：個人蔵（写真・紀伊國）

輝石と角閃石

リチア輝石 Spodumene ／緑閃石 Actinolite
灰鉄輝石 Hedenbergite ／透輝石 Diopside

岩石を形成する造岩鉱物に、輝石と角閃石という鉱物がある。これらはいずれも高温で生じるケイ酸塩で、それぞれ大きなグループを形成している。輝石グループのメンバーは結晶系で直方輝石と単斜輝石に分類し、これをさらに成分分類する。輝石分類は比較的単純な組成だが、角閃石グループは度重なる定義変更の末、分類が複雑怪奇になりすぎてしまった。分析しないと正式な名称が付けられないのは、困ったことである。そんな人間の思惑とは裏腹に、さまざまな美しい輝石や角閃石が存在する。(田中)

リチア輝石

学名	Spodumene（スポジュメン）
和名	リチア輝石（りちあきせき） ※クンツァイトはリチア輝石の変種名
化学式	LiAlSi$_2$O$_6$
結晶系	単斜晶系
モース硬度	6½〜7
分類	ケイ酸塩鉱物

サイズ区分：Miniature／産地：アフガニスタン Dara-e-Pech pegmatite field, Dara-e-Pech District, Kunar, Afghanistan／所蔵：個人蔵（写真・紀伊國）

緑閃石

学名	Actinolite（アクチノライト）
和名	緑閃石（りょくせんせき）
化学式	$Ca_2(Mg,Fe)_5Si_8O_{22}(OH)_2$
結晶系	単斜晶系
モース硬度	6
分類	ケイ酸塩鉱物

標本長：約6 cm／産地：愛媛県四国中央市富郷町豊坂／所蔵：個人蔵（写真・田中）

灰鉄輝石（杢地鉱）

学名	Hedenbergite（ヘデンバージャイト）
和名	灰鉄輝石（かいてつきせき）
化学式	$CaFeSi_2O_6$
結晶系	単斜晶系
モース硬度	5-6
分類	ケイ酸塩鉱物

標本長：約7 cm／産地：岐阜県飛騨市神岡鉱山／所蔵：個人蔵（写真・田中）

透輝石の双晶

学名	Diopside（ダイオプサイド）
和名	透輝石（とうきせき）
化学式	$CaMgSi_2O_6$
結晶系	単斜晶系
モース硬	6
分類	ケイ酸塩鉱物

結晶長：2.5 cm／産地：岐阜県関市洞戸鉱山杢助坑／所蔵：個人蔵（写真・田中）※上端の形状から、2本それぞれが双晶であることがわかる

アスベストと呼ばれる鉱物群
クリソタイル石 Chrysotile ／リーベック閃石 Riebeckite ／グリュネル閃石 Grunerite

代表的なアスベスト（石綿）に、クリソタイル石（白石綿）、クロシドライト（青石綿）、アモサイト（茶石綿）がある。クリソタイル石は蛇紋石グループの鉱物である。クロシドライトとアモサイトは鉱物種名ではなく、それぞれ繊維状のリーベック閃石、グリュネル閃石のことで、ともに角閃石グループの鉱物。アスベストの直径は2万分の1 mmほどで、人の髪の毛（直径10分の1 mmほど）よりもはるかに細く、一本一本は目に見えない。蛇紋石や角閃石の仲間はありふれた鉱物だが、そのほとんどは繊維状でなく、危険性はない。（渡邉）

クリソタイル石

学名	Chrysotile（クリソタイル）
和名	クリソタイル石（くりそたいるせき）
化学式	$Mg_3(Si_2O_5)(OH)_4$
結晶系	単斜晶系
モース硬度	2 ½
分類	ケイ酸塩鉱物

標本上下：4.2 cm／産地：カナダ Val-des-Sources, Les Sources RCM, Estrie, Québec, Canada／所蔵：個人蔵（写真・田中）

リーベック閃石

学名	Riebeckite(リーベッカイト)
和名	リーベック閃石(りーべっくせんせき)
化学式	$\square Na_2(Fe^{2+}{}_3Fe^{3+}{}_2)Si_8O_{22}(OH)_2$ ※□は空孔(原子の欠損した空間)を表す。
結晶系	単斜晶系
モース硬度	5〜5½
分類	ケイ酸塩鉱物

標本の横幅:4.6 cm／産地:南アフリカ共和国 Griqualand West, South Africa／所蔵:国立科学博物館(写真・渡邉)

グリュネル閃石

学名	Grunerite(グリュネライト)
和名	グリュネル閃石(ぐりゅねるせんせき)
化学式	$\square Fe^{2+}{}_2Fe^{2+}{}_5Si_8O_{22}(OH)_2$ ※□は空孔(原子の欠損した空間)を表す。
結晶系	単斜晶系
モース硬度	5〜6
分類	ケイ酸塩鉱物

標本の写真部分の横幅:1.8 cm／産地:アメリカ Michigamme, Marquette Co., Michigan, USA／所蔵:国立科学博物館(写真・渡邉)

COLUMN

新しい鉱物に名前を付ける
～新鉱物の記載～

田中陵二 *Ryoji Tanaka*

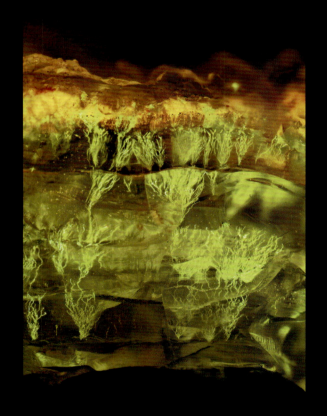

新鉱物「北海道石」を含むオパール（長波紫外線照射）。樹枝状に伸びて結晶が成長していることがわかる。北海道河東郡鹿追町然別産

　地質学的成因により生じた天然の物質のうち、定まった成分を有し、結晶性のものを鉱物という。この鉱物は、すべてが入念に研究調査されているわけではなく、研究活動によりしばしば新種が見つかる。人類の知っている物質は、登録された無機・有機化合物でも約2億種あり、その種類は日々指数関数的に増大している。これに比べると、鉱物種の総数は約6000種と極端に少ない。例えば植物の42万種、昆虫の100万種と比較してもとても少なく、新鉱物を見つけだすのがかなり難しいことがわかる。天然鉱物の場合、少量の不純物は固溶体として別の鉱物に取り込まれやすく、純成分結晶になりづらいためだ。それでも、この数年の実績では、世界全体で年に100種ぐらいのペースで新鉱物が新しく見出されている。日本における新鉱物は、現在までに150種が報告されている。

　鉱物の名称決定と定義は、研究者が自由に付けられるものではなく、混乱を防ぐために国際鉱物学連合 (IMA) の"新鉱物および鉱物名に関する委員会 (CNMNC)"が窓口となった登録制である。新鉱物を見出した場合、ここから承認を得て、ようやく学術的に認められる。最近、筆者は北海道の2ヶ所から新鉱

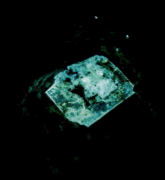

北海道石の最大の単結晶（0.2 cm）。黄色い薄板状結晶で、紫外線照射により非常に強く蛍光する。北海道上川郡愛別町愛別鉱山産

物を見出し、「北海道石 (hokkaidoite)」と命名した。筆者の体験をもとに、現在の新鉱物記載登録の流れを以下に述べる。

まず、新鉱物であろうと思われる物質の性質を多方面から調査する。鉱物は結晶性物質が前提だから、結晶学的なデータが必須である。これは、粉末X線回折による強度データと格子定数に加え、結晶構造解析（結晶中の原子配列）を強く要求される。また、化学組成式を決定するのに説得力のある元素分析データ、光学的特性（屈折率など）、機械的特性（硬度など）、外観写真、産地および地質・成因概要の情報が必要となる。さらに重要なのは、新鉱物のラテン語名候補とその選定理由である。鉱物名は完全に物質と紐づけしており、しかも名前がほぼ永久に残るので、命名はかなり制約が多い。自分の名前や（研究）組織の名前を付けることはまず許されないし、献名であっても地質・鉱物学に大きな貢献のあった人へに限られる。産出地の地名や化学組成、あるいは外観的特徴をもとに命名することが推奨される。鉱物名のラテン語としては、末尾に -ite、または -lite を付けることが多い。

これらをチェックリストにまとめ、まずは国内の新鉱物命名委員会に提出する。これは国内委員で査読され、査読結果に応じて修正または再投稿する。このチェックリストを今度は国際鉱物連合に投稿し、20人ほどの委員メンバーで査読し、3か月かけて投票を行う。委員の2/3以上の賛成票が得られれば承認となる。物言いが付かなければそのまま名前も承認される。その後、国内の博物館、通常は国立科学博物館に模式標本（記載に必要なデータを得たオリジナル標本）を収め、これで晴れて新鉱物の提案名称が論文や学会発表で使えるようになる。承認以前に提案名を使うのは御法度である。正式に新鉱物としてフィックスされるのは、記載論文受理後となる。

そのようにして市民権が得られる新鉱物であるが、その鉱物が属するグループの命名規約の改訂などに巻き込まれると、名称変更を余儀なくされることもある。また、後日の研究により記載内容に問題が生じると、抹消されることもまれにある。筆者も体験してみてわかったが、かなり手間がかかる、ハードルの高い手続きであった。

COLUMN 3
表と裏の顔をもつ結晶〜異極晶〜

田中陵二 *Ryoji Tanaka*

　結晶の美しさは、平面で囲まれた多面体立体の美と言ってもよいであろう。しかし、世に存在する結晶はすべてが正八面体や正六面体のような正多面体に近いものとは限らず、その結晶が属する対称性（結晶系や点群）に応じ、さまざまな形状を取る。物質の単結晶は、結晶の重心から考えた左右、もしくは上下の結晶形態が面・点対称になることが多いが、対称性が低いものでは、そうでないいびつなものもある。このような結晶は異極晶と呼ばれる。

　異極晶の代表は異極鉱である。これは、亜鉛の塩基性ケイ酸塩で、亜鉛鉱が地表近くで酸化して生じる。異極鉱結晶が自由空間で育つと、両極の形状が異なった長板状結晶を作る。しかし、片方への結晶成長速度が極端に速いらしく、ほとんどの場合は上半分の結晶しか見られない。とはいえ、何百個も標本を眺めていると、たまに両錐の異極鉱結晶を見つけることができる。

　電気石（トルマリン）も異極晶として知られる。電気石は単独の鉱物種ではなく、50種ほどの鉱物種を含むグループであり、しばしば異極晶を作る。電気石は三方晶系で、三角屋根の六角柱の結晶になるが、しばしばその両末端の形状が異なる。電気石の名は、その結晶をこすったり加熱すると、結晶の両極で正負に帯電し、紙の小片などをひきつけることに基づく。これもまた、非対称が引き起こす結晶の物理的性質である。

異極晶のリチア電気石（elbaite）。上下末端の三角錐を形成する面が異なり、両末端の先端の角度が異なる。ブラジル産

左と右の関係にある辰砂結晶（cinnabar）。六角柱状結晶で、末端の三角の面の横にある小さな結晶面の向きにそれぞれの不斉が現れている。中国貴州省産

　点対称や面対称をまったくもたない原子配列の鉱物からは、右手と左手の関係（不斉）にある結晶ができる。こういう結晶を不斉結晶と呼ぶ。地殻中にありふれている二酸化ケイ素の結晶、水晶は不斉結晶の代表である。石英は SiO_4 の正四面体が酸素を共有しながら無数に連結し、三回らせん軸を結晶中で作っている。このらせんは単結晶中で左右のどちらかに揃っていて、右／左水晶になっている。
　辰砂は天然の硫化水銀で、この結晶にも不斉がある。最近、結晶外形から辰砂の不斉を見分けられないものかと、中国産の辰砂結晶を数多く眺めていたところ、確かに左右の軸性不斉が結晶面に反映されているものを見つけた。生物の中には右や左の関係の分子のうち、どちらか片方のみが含まれていることが多い。生物の発生・進化時に、どのようなメカニズムでどちらかの不斉分子を選択的に作り出したのかはまだよくわかっていないが、もしかすると水晶などの天然の不斉結晶が触媒になったのかもしれない。

〈右〉異極晶を示す異極鉱。両末端の尖った面の角度が違う。オハエラ鉱山（メキシコ）産　〈下〉普通の異極鉱では、一方の末端のみが優勢に見られる。宮崎県産

81

標本の横幅：3.3 cm／産地：アメリカ Elmwood Mine, Carthage, Smith Co., Tennessee, USA／所蔵：個人蔵（写真・紀伊國）

方解石

学名	Calcite（カルサイト）
和名	方解石（ほうかいせき）
化学式	CaCO$_3$
結晶系	三方晶系
モース硬度	3
分類	炭酸塩鉱物

標本の横幅：3.3 cm／産地：アメリカ Elmwood Mine, Carthage, Smith Co., Tennessee, USA／所蔵：個人蔵（写真・紀伊國）

菱な鉱物 I

方解石 Calcite ／菱マンガン鉱 Rhodochrosite

劈開片が平行六面体になることで有名な方解石は、菱面体、犬牙状、六角柱状などの結晶形を示す。劈開片の形や結晶形はその鉱物の結晶構造と密接に関係しており、方解石と同じ結晶構造をもつ他の鉱物についても、しばしば菱面体の結晶形を示すなど、見た目に共通の特徴が現れる。その数は多く、いずれも炭酸塩で、例えば菱苦土鉱（$MgCO_3$）、菱マンガン鉱（$MnCO_3$）、菱鉄鉱（$FeCO_3$）、菱亜鉛鉱（$ZnCO_3$）などである。結晶系は三方晶系で、ユニットセル（結晶構造の繰り返し単位）の形は、断面が菱形の柱状である。（渡邉）

菱マンガン鉱

学名	Rhodochrosite（ロードクロサイト）
和名	菱マンガン鉱（りょうまんがんこう）
化学式	$MnCO_3$
結晶系	三方晶系
モース硬度	3½～4
分類	炭酸塩鉱物

標本の横幅：8.5 cm／産地：アメリカ Sweet Home Mine, Detroit City Claim Block, Mount Bross, Alma Mining District, Park Co., Colorado, USA／所蔵：個人蔵（写真・紀伊國）

菱な鉱物 II
菱亜鉛鉱 Smithsonite

菱亜鉛鉱（スミソナイト）は、方解石におけるカルシウムが亜鉛に置換された鉱物である。方解石が炭酸カルシウム、菱亜鉛鉱が炭酸亜鉛で、互いに共通の結晶構造をもつ。菱亜鉛鉱はブドウの房のような丸みのある集合体で産することも多いが、方解石と同じくしばしば菱面体の結晶形を示す。色のバリエーションが豊富で、ピンク色は微量成分のマンガンによる。ナミビアのツメブ鉱山から産する鮮やかなアップルグリーンの菱亜鉛鉱（右頁の標本）は、銅を含むため含銅菱亜鉛鉱（キュプリアンスミソナイト）と呼ばれる。本来は無色透明。（渡邉）

菱亜鉛鉱

学名	Smithsonite（スミソナイト）
和名	菱亜鉛鉱（りょうあえんこう）
化学式	$ZnCO_3$
結晶系	三方晶系
モース硬度	4〜4½
分類	炭酸塩鉱物

標本の横幅：3.5 cm／産地：ナミビア
Tsumeb Mine, Tsumeb, Oshikoto Region, Namibia／所蔵：個人蔵（写真・紀伊國）

菱亜鉛鉱
標本の高さ：4.7 cm／産地：ナミビア Tsumeb Mine, Tsumeb, Oshikoto Region, Namibia／所蔵：個人蔵（写真・紀伊國）

月長石（Kに富むタイプ）

学名	Sanidine（サニディン）
和名	玻璃長石（はりちょうせき）
化学式	$(K,Na)(Si,Al)_4O_8$
結晶系	単斜晶系
モース硬度	6
分類	ケイ酸塩鉱物

標本の写真部分の横幅：5.9 cm／産地：メキシコ Pili Mine, Saucillo Municipality, Chihuahua, Mexico／所蔵：個人蔵（写真・渡邉）

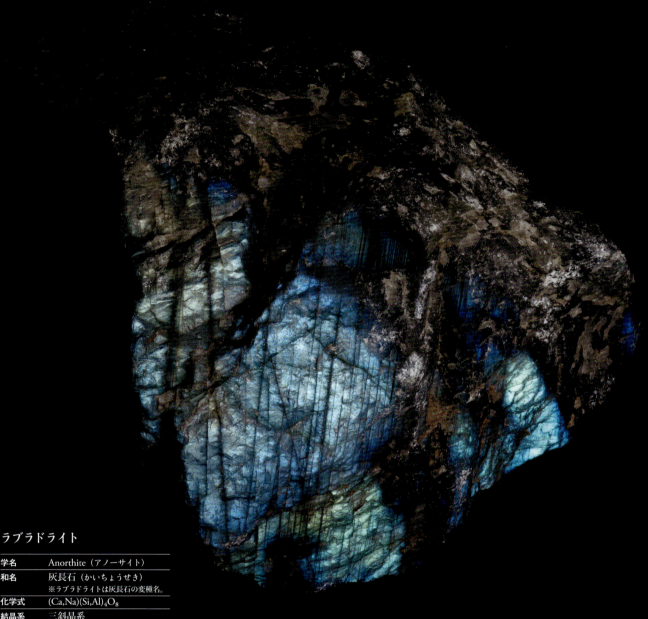

ラブラドライト

学名	Anorthite（アノーサイト）
和名	灰長石（かいちょうせき） ※ラブラドライトは灰長石の変種名。
化学式	$(Ca,Na)(Si,Al)_4O_8$
結晶系	三斜晶系
モース硬度	6〜6½
分類	ケイ酸塩鉱物

標本の横幅：7.4 cm／産地：マダガスカル Madagascar／所蔵：地学舎（写真・渡邉）

長石が放つ閃光
月長石（げっちょうせき） Moonstone ／ラブラドライト Labradorite

　長石の一種である玻璃長石の中には、月光を思わせる青白い閃光を放つものがあり、同様の閃光をもつ他の長石とともに月長石（ムーンストーン）と呼ばれる。この種の長石は主成分にナトリウムとカリウムを含んでおり、マグマから結晶になったばかりのときは均質なのだが、冷えるに従ってナトリウムに富む長石とカリウムに富む長石に分離し、それらが交互に薄く積み重なった膜状の組織を作る。この微細構造が光の干渉を引き起こすことで、独特の閃光が生まれる。ラブラドライトの青を基調とする虹色の閃光も、原理は同じである。（渡邉）

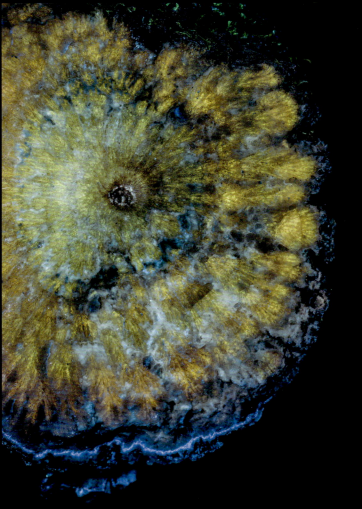

変わり果てた生物の姿
―有機鉱物―

カルパチア石 Carpathite
北海道石 Hokkaidoite
チャナバヤ石 Chanabayaite

炭素を主構成元素とする有機物の多くは熱に不安定で、高温高圧の地球内部では存在できないが、地表や地下浅部には地質学的作用で生じた有機物があり、これが純化して結晶化することがある。これを有機鉱物と呼ぶ。有機物の起源の多くは生物遺骸である。植物や動物化石の有機物が熱分解したり、あるいは特定の成分が抽出されたりするときに有機鉱物が生じるがやはりまれであり、有機鉱物は全鉱物種の1%ぐらいしかない。カルボン酸の金属塩が多いが、コロネンなどの炭化水素もある。珍しいものでは、チャナバヤ石など、グアノ（海鳥の糞化石）の成分と金属鉱物が反応したようなものも知られる。（田中）

コロネンを含むオパール（上）

学名	Opal（オパール）
和名	オパール（おぱーる） 蛋白石（たんぱくせき）
化学式	$SiO_2 \cdot nH_2O$
結晶系	非晶質
モース硬度	5½ ～ 6½
分類	酸化鉱物

標本サイズ：約14 cm／産地：鹿児島県霧島市牧園町／所蔵：個人蔵（長波紫外線を照射して撮影）（写真・田中）

カルパチア石

学名	Carpathite（カルパタイト）
和名	カルパチア石（かるぱちあせき）
化学式	$C_{24}H_{12}$
結晶系	単斜晶系
モース硬度	1½
分類	有機鉱物

写真左右：3.5 cm／産地：アメリカ Picacho Peak, San Benito, California, USA／所蔵：個人蔵（左は可視光下で、下は長波紫外線を照射して撮影）（写真・田中）

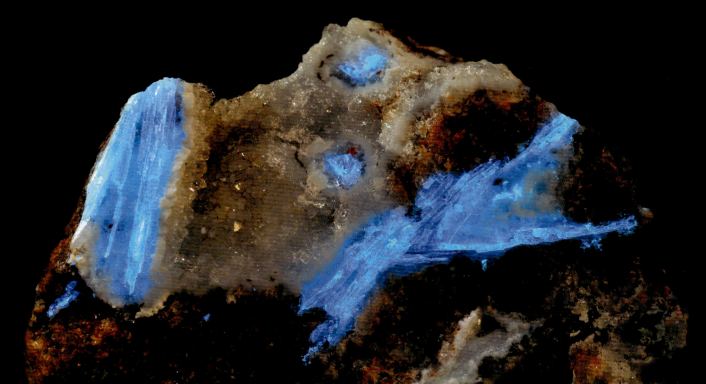

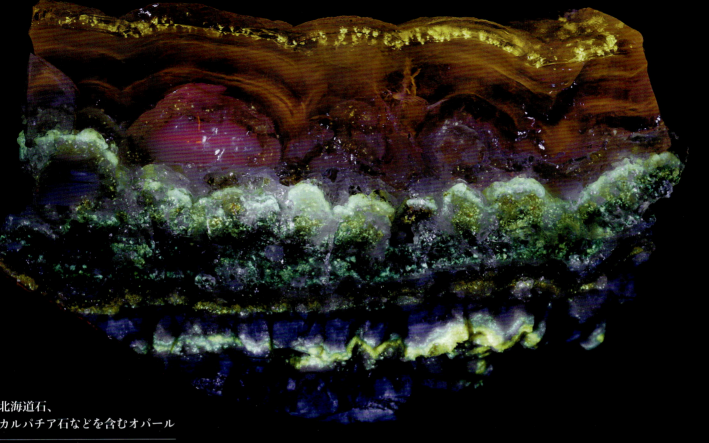

北海道石、カルパチア石などを含むオパール

学名	Hokkaidoite（ホッカイドウアイト）
和名	北海道石（ほっかいどうせき）
化学式	$C_{22}H_{12}$
結晶系	単斜晶系
モース硬度	1 ½
分類	有機鉱物

写真左右：約5 cm／産地：北海道河東郡
鹿追町然別／所蔵：個人蔵（写真・田中）
※長波紫外線を照射して撮影

チャナバヤ石

学名	Chanabayaite（チャナバヤイト）
和名	チャナバヤ石（ちゃなばやせき）
化学式	$CuCl(N_3C_2H_2)(NH_3) \cdot 0.25H_2O$
結晶系	直方晶系
モース硬度	2
分類	有機鉱物

写真左右：0.2 cm／産地：チリ Pabellón de
Pica Mountain, Iquique Province, Tarapacá
Region, Chile／所蔵：個人蔵（写真・田中）

合成コランダム
酸水素炎による溶融結晶化（ベルヌーイ法）によるさまざまな色のブール。（写真・田中）

合成鉱物、合成結晶

宝石になる鉱物は天然資源であるため原料品質にばらつきがあり、そのため高価である。こういった宝石鉱物結晶の人工合成は長年の人類の夢であった。現在ではダイヤモンド、ルビー、サファイア、エメラルド、水晶等、代表的な宝石のほとんどを人の手で作りだすことができる。ダイヤモンドは融解鉄を触媒として、ルビーやサファイアは高温で酸化アルミニウムを融解させ種結晶の上で再成長させる。エメラルドは、他の金属塩を融解させ、ここに原料を溶かしこむ方法（フラックス法）による。合成水晶は熱アルカリ水溶液に溶かし、冷やして再成長させる。（田中）

合成エメラルド（緑柱石）
チャザム社の合成エメラルド（緑柱石）。フラックス法による結晶育成。標本左右2.5 cm。（写真・田中）

合成水晶
水熱合成法による大きな結晶。日本電波工業。約25 cm。写真右は部分。(写真・田中)

合成ダイヤモンド
最大の結晶 0.82 cm。(写真・田中)

［原寸大］

重い石

重晶石 Baryte
灰重石 Scheelite
方鉛鉱 Galena

鉱物名に「重」という漢字が使われていれば、その鉱物がバリウムかタングステンを主成分に含むことを意味する。重晶石はバリウムの硫酸塩、灰重石はカルシウムのタングステン酸塩、といった具合である。タングステンは原子番号74の非常に重い金属元素であり、原子番号56のバリウムも、アルカリ土類金属（周期表の2列目に入るグループ）の中ではラジウムに次いで重い元素である。ただし、名前に「重」がなくとも重い鉱物はたくさんあり、その一つが比重7.6の方鉛鉱である。重晶石の比重は4.5、灰重石の比重は6.1。（渡邉）

重晶石

学名	Baryte（バライト）
和名	重晶石（じゅうしょうせき）
化学式	$BaSO_4$
結晶系	直方晶系
モース硬度	3
分類	硫酸塩鉱物

標本の横幅：12.9 cm／産地：ドイツ Germany／所蔵：国立科学博物館　右頁は部分　中央の大きな結晶の長さ：2.2 cm（写真・渡邉）

灰重石

学名	Scheelite（シーライト）
和名	灰重石（かいじゅうせき）
化学式	$Ca(WO_4)$
結晶系	正方晶系
モース硬度	4½〜5
分類	タングステン酸塩鉱物

標本の横幅：1.7 cm／産地：山梨県山梨市乙女鉱山／所蔵：国立科学博物館（写真・渡邉）

方鉛鉱

学名	Galena（ガレナ）
和名	方鉛鉱（ほうえんこう）
化学式	PbS
結晶系	立方晶系
モース硬度	2½
分類	硫化鉱物

標本の横幅：11.5 cm／産地：アメリカ Sweetwater Mine, Ellington, Reynolds Co., Missouri, USA／所蔵：国立科学博物館（写真・渡邉）

リチア輝石（ヒデナイト）

結晶の長さ：1.5 cm／産地：アメリカ near Stony Point, Alexander Co., N. Carolina, USA／所蔵：国立科学博物館（写真・渡邉）

リチア輝石

学名	Spodumene（スポジュメン）
和名	リチア輝石（りちあきせき）
化学式	$LiAlSi_2O_6$
結晶系	単斜晶系
モース硬度	6½～7
分類	ケイ酸塩鉱物

結晶の長さ：4.6 cm／産地：アフガニスタン Nuristan, Afghanistan／所蔵：国立科学博物館（写真・渡邉）

リチア輝石（クンツァイト）

標本の写真部分の横幅：約5 cm／産地：ブラジル Minas Gerais, Brazil／所蔵：国立科学博物館（写真・渡邉）

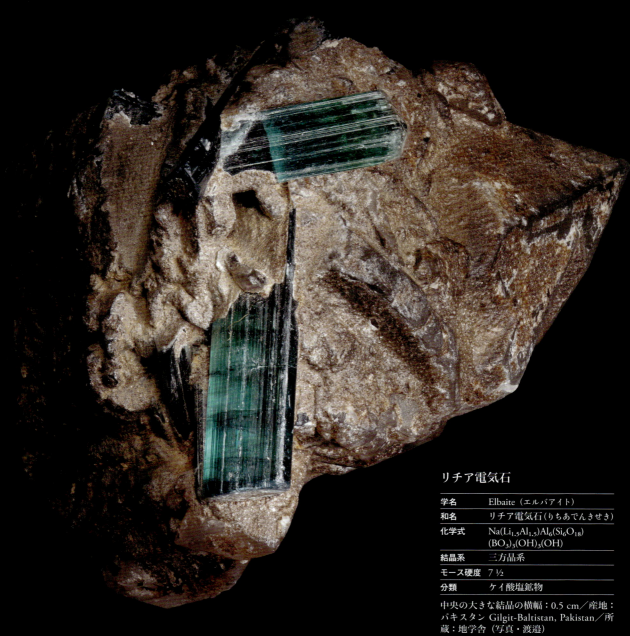

	リチア電気石
学名	Elbaite（エルバイト）
和名	リチア電気石（りちあでんきせき）
化学式	Na(Li$_{1.5}$Al$_{1.5}$)Al$_6$(Si$_6$O$_{18}$)(BO$_3$)$_3$(OH)$_3$(OH)
結晶系	三方晶系
モース硬度	7 ½
分類	ケイ酸塩鉱物

中央の大きな結晶の横幅：0.5 cm／産地：パキスタン Gilgit-Baltistan, Pakistan／所蔵：地学舎（写真・渡邉）

リチウムの地下資源

リチア輝石 Spodumene ／リチア電気石 Elbaite

リチウムはレアメタルの一つで、スマートフォンや電気自動車の製造に欠かせないリチウムイオン電池の原料として、近年ますます需要が伸びている元素である。リチウムの資源としては、南米のアンデス山脈一帯に点在する塩湖から汲み上げられる、リチウムに富む塩水が特に重要であるが、鉱物からの製錬も盛んである。リチウムの資源になる鉱物は、リチア輝石、リチア雲母、リチア電気石などで、リチア輝石は宝石のクンツァイトやヒデナイトとしても知られる。見る角度によって色の濃淡が変化する性質（多色性(たしきせい)）が顕著。（渡邉）

硫黄との強い結びつき―硫化鉱物―

黄鉄鉱 Pyrite ／輝水鉛鉱 Molybdenite ／閃亜鉛鉱／鉄閃亜鉛鉱 Sphalerite
方鉛鉱 Galena ／磁硫鉄鉱 Pyrrhotite ／辰砂 Cinnabar

金属元素は電子的に陽性で、他の陰イオンと結びつくことで安定化するものが多い。陰イオンが酸素イオンのものは金属酸化物で、硫黄のものが金属硫化物である。銅や銀をはじめ多くの金属は硫黄と結びついた硫化鉱物として産し、資源価値の高いこれらの鉱床を採掘して金属資源とする。硫化鉱物は長時間かけてゆっくりと地表で酸化・加水分解し、多様な二次鉱物を作る。硫化鉱物は屈折率の高さからメタリックな光沢をもつものが多く、いかにも金属資源らしさがある。とはいえ、閃亜鉛鉱や辰砂、石黄など、透明な硫化鉱物もある。（田中）

黄鉄鉱

学名	Pyrite（パイライト）
和名	黄鉄鉱（おうてっこう）
化学式	FeS$_2$
結晶系	立方晶系
モース硬度	6～6½
分類	硫化鉱物

標本サイズ：約9 cm／産地：スペイン Navajún, La Rioja, Spain／所蔵：個人蔵（写真・田中）

輝水鉛鉱

学名	Molybdenite（モリブデナイト）
和名	輝水鉛鉱（きすいえんこう）
化学式	MoS$_2$
結晶系	六方晶系
モース硬度	1
分類	硫化鉱物

撮影幅：約11 cm／産地：岐阜県大野郡白川村平瀬鉱山／所蔵：益富地学会館（写真・田中）

閃亜鉛鉱（べっこう亜鉛）

学名	Sphalerite（スファレライト）
和名	閃亜鉛鉱（せんあえんこう）
化学式	(Zn,Fe)S
結晶系	立方晶系
モース硬度	3 ½ ～ 4
分類	硫化鉱物

標本長：約5 cm／産地：ブルガリア Krushev Dol Mine, Madan, Rhodope Mtns., Bulgaria／所蔵：個人蔵（写真・田中）

鉄閃亜鉛鉱

学名	Sphalerite（スファレライト）
和名	閃亜鉛鉱（せんあえんこう）
化学式	(Zn,Fe)S
結晶系	立方晶系
モース硬度	3 ½ ～ 4
分類	硫化鉱物

標本長：約6 cm／産地：埼玉県秩父市秩父鉱山／所蔵：個人蔵（写真・田中）

方鉛鉱

学名	Galena（ガレナ）
和名	方鉛鉱（ほうえんこう）
化学式	PbS
結晶系	立方晶系
モース硬度	2 ½
分類	硫化鉱物

標本長：約14 cm／産地：アメリカ Sweetwater Mine, Ellington, Reynolds, Missouri, USA／所蔵：個人蔵（写真・田中）

磁硫鉄鉱

学名	Pyrrhotite（ピロータイト）
和名	磁硫鉄鉱（じりゅうてっこう）
化学式	$Fe_{1-x}S$
結晶系	六方晶系
モース硬度	3 ½ 〜 4 ½
分類	硫化鉱物

標本長：約6 cm／産地：ロシア Dalnegorsk, Primorsky Krai, Russia／所蔵：個人蔵（写真・田中）

芋辰砂（いもしんしゃ）

学名	Cinnabar（シナバー）
和名	辰砂（しんしゃ）
化学式	HgS
結晶系	三方晶系
モース硬度	2 〜 2 ½
分類	'硫化鉱物

標本長：約4 cm／産地：北海道北見市留辺蘂町イトムカ鉱山／所蔵：益富地学会館（写真・田中）

産出が珍しいリン酸塩

燐葉石 Phosphophyllite
ラドラム鉄鉱 Ludlamite

リン酸塩は四面体のリン酸イオン（$(PO_4)^{3-}$）を主成分とする物質で、代表的な鉱物種にフッ素燐灰石がある。燐葉石は亜鉛と鉄の4水和リン酸塩、ラドラム鉄鉱は鉄の4水和リン酸塩であり、ともに産出がまれな鉱物である。「燐葉石」は学名のフォスフォフィライトからの和訳で、「フォスフォ」が主成分のリン（燐）、「フィライト」が葉っぱのような石、を意味する。青みがかった上品な緑色をしているものの、名前の通り葉片状に薄く割れやすく、宝石には不向き。右頁のラドラム鉄鉱は、魚の頭骨化石の上に成長したものである。（渡邉）

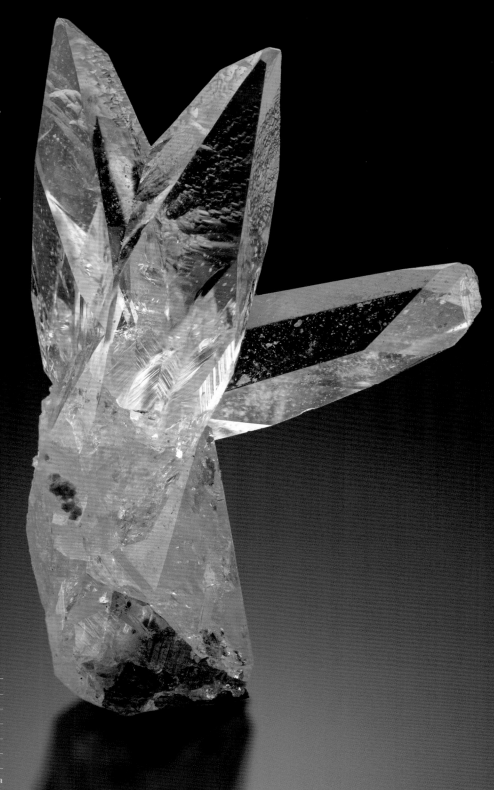

燐葉石

学名	Phosphophyllite（フォスフォフィライト）
和名	燐葉石（りんようせき）
化学式	$Zn_2Fe^{2+}(PO_4)_2·4H_2O$
結晶系	単斜晶系
モース硬度	3〜3½
分類	リン酸塩鉱物

標本の高さ：1.5 cm／産地：ボリビア Unificada Mine, Cerro de Potosí, Potosí, Tomás Frías Province, Potosí, Bolivia／所蔵：個人蔵（写真・紀伊國）

ラドラム鉄鉱

学名	Ludlamite（ラドラマイト）
和名	ラドラム鉄鉱（らどらむてっこう）
化学式	$Fe^{2+}_3(PO_4)_2 \cdot 4H_2O$
結晶系	単斜晶系
モース硬度	3 ½
分類	リン酸塩鉱物

標本の高さ：6.4 cm／産地：ブラジル Cabeça do Cachorro claim, São Gabriel da Cachoeira, Amazonas, Brazil／所蔵：個人蔵（写真・紀伊國）

赤鉄鉱（上）

学名	Hematite（ヘマタイト）
和名	赤鉄鉱（せきてっこう）
化学式	Fe_2O_3
結晶系	三方晶系
モース硬度	5〜6½
分類	酸化鉱物

写真左右：1.5 cm／産地：岩手県北上市和賀仙人鉱山／所蔵：個人蔵（写真・田中）

赤鉄鉱の「鉄のバラ」（左）

写真左右：1.5 cm／産地：岩手県北上市和賀仙人鉱山／所蔵：個人蔵 ※学名等は上記と同じ。（写真・田中）

鋼になる鉱物

赤鉄鉱 Hematite
磁鉄鉱 Magnetite
自然鉄 Iron
ガーニエライト Garnierite
紅砒ニッケル鉱 Nickeline
輝コバルト鉱 Cobaltite

人類は金属鉄を作り利用することにより、現在の繁栄を獲得することができた。製鉄技術は、紀元前15世紀ごろのヒッタイト帝国が起源とされている。鉄はビッグバン後の初期宇宙で多量に生成したものの、地球の金属鉄の大部分は地下深部にあり、地殻中では大体が酸素と結びついている。鉄原料となるのは三価鉄酸化物の赤鉄鉱、二価と三価の鉄酸化物の磁鉄鉱が多く、ときに炭酸鉄（菱鉄鉱）がある。赤鉄鉱は細かい粒子では赤いが、サイズの大きな結晶は鋼灰色の金属光沢で、鏡鉄鉱とも呼ばれる。磁鉄鉱は岩石に少量含まれ、これが風化し集まって砂鉄となるほか、スカルン鉱床で大きな鉱体になる。これらを炭素還元して鉄にする。（田中）

磁鉄鉱

学名	Magnetite（マグネタイト）
和名	磁鉄鉱（じてっこう）
化学式	Fe$_3$O$_4$
結晶系	立方晶系
モース硬度	5½〜6
分類	酸化鉱物

〈上〉写真左右：約3cm／産地：ボリビア Cerro Huanquino, Potosí, Bolivia／所蔵:個人蔵〈下〉標本サイズ：4cm／産地：長野県南佐久郡南相木村栗生鉱山／所蔵:個人蔵（以上、写真・田中）

103

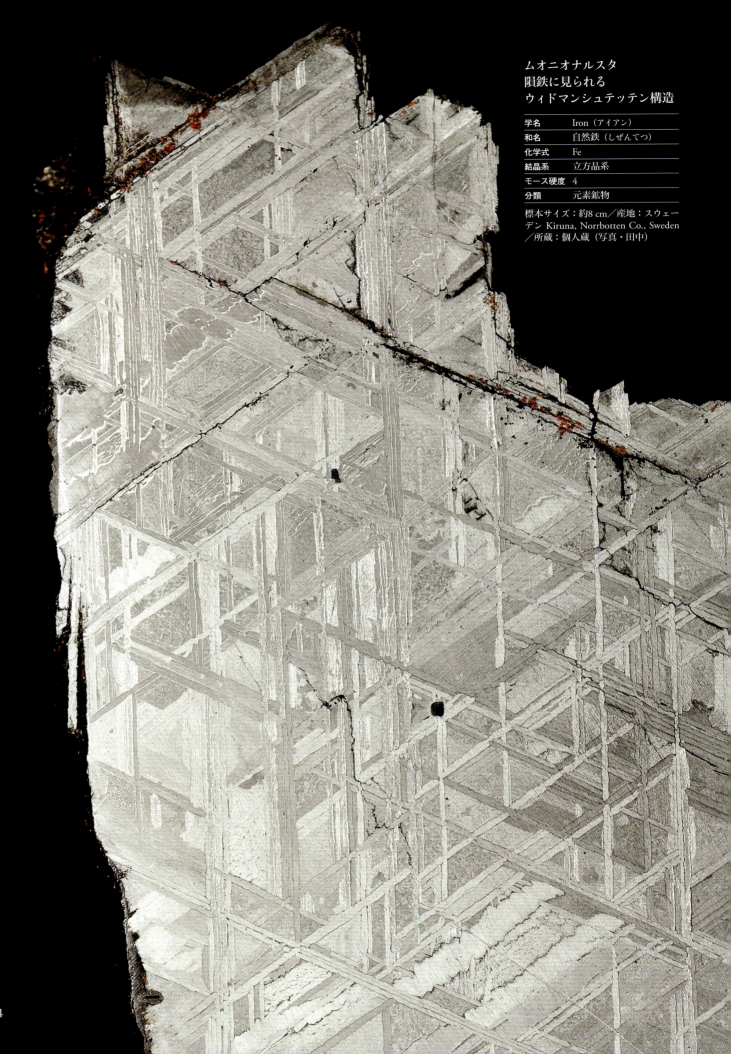

ムオニオナルスタ
隕鉄に見られる
ウィドマンシュテッテン構造

学名	Iron（アイアン）
和名	自然鉄（しぜんてつ）
化学式	Fe
結晶系	立方晶系
モース硬度	4
分類	元素鉱物

標本サイズ：約8 cm／産地：スウェーデン Kiruna, Norrbotten Co., Sweden／所蔵：個人蔵（写真・田中）

ガーニエライト
（ニッケルの資源となる岩石）

標本の横幅：7.8 cm／産地：フランス領ニューカレドニア New Caledonia, France／所蔵：国立科学博物館（写真・渡邉）

紅砒ニッケル鉱

学名	Nickeline（ニケライン）
和名	紅砒ニッケル鉱（こうひにっけるこう）
化学式	NiAs
結晶系	六方晶系
モース硬度	5 ½
分類	ヒ化鉱物

標本の横幅：6.9 cm／産地：チェコ共和国 Příbram, Příbram District, Central Bohemian Region, Czech Republic／所蔵：国立科学博物館（写真・渡邉）

輝コバルト鉱

学名	Cobaltite（コバルタイト）
和名	輝コバルト鉱（きこばるとこう）
化学式	CoAsS
結晶系	直方晶系
モース硬度	5 ½
分類	硫化鉱物

結晶サイズ：0.9 cm／産地：スウェーデン Håkansboda, Stråssa, Lindesberg, Örebro Co., Sweden／所蔵：個人蔵（写真・田中）

純鉄は軟らかく錆びやすいため、別成分を加えて性質を制御する。これが鉄鋼で、還元時の炭素を溶かした炭素鋼のほか、クロム、ニッケル、モリブデン、コバルト、マンガン、ケイ素などを少量添加して合金鋼とする。日本ではクロム資源は北海道などに、マンガンは小鉱床が全国にあり、かつて利用された。日本には利用可能なニッケルとコバルト資源はほとんど存在しない。（田中）

COLUMN 4
博物館と個人コレクション

渡邉克晃 *Katsuaki Watanabe*

胆礬（たんばん）
標本の横幅：6.9 cm／産地：岩手県和賀郡西和賀町湯田土畑鉱山／所蔵：国立科学博物館（写真・渡邉）

　博物館が所蔵する鉱物コレクションと、個人が所蔵するそれとでは、収集の傾向にやや違いがある。博物館コレクションの特徴は、網羅的、国産重視、細かい産地情報、最小限の洗浄と処理、寄贈標本、などである。これらの逆が個人コレクションということになるが、もちろんこれは大まかな傾向であって、コレクターによって異なることはいうまでもない。

　まず「網羅的」については、博物館では、多産する鉱物種だけでなく稀少な鉱物種をも積極的に収集している。中には展示されるものもあるが、おもに研究用の標本として収集・保管される場合が多い。博物館で独自に研究することもあれば、大学等の研究者に標本を貸し出すこともある。一方、個人コレクションでは、鉱物種を網羅的に収集するよりは、多産するいくつかの鉱物種について、見た目が美しい標本を収集することが多い。ただし、自身で鉱物採集に行くコレクターの場合は、現地で自ら採集したことに重きを置くため、見た目の美しさに加え、稀少かどうかも重要な収集基準になる。彼らの場合、博物館の研究者に近い収集傾向といえる。

　次に「国産重視」については、日本の博物館は日本産の鉱物標本を積極的に収集する傾向が強い。その理由は、鉱物の学術的価値に目を向けるとわかりやすい。鉱物とは、その存在、成分の特徴、産状などに地球の歴史を記録した「タイムカプセル」であり、鉱物の研究を通してその土地の成り立ちを読み解くことができる、極めて貴重な情報源なのである。このような研究者の視点に立てば、日本産の鉱物は、何万年、何億年というスケールで日本の土地の歴史を知る手掛かりとなるものであり、それゆえに、博物館は日本産の標本を収集することに特別な価値を置くのである。また、県立や市立の博物館であれば、さらに地域に根ざした鉱物収集（地元産の鉱物収集）を進めていることが多い。個人コレクションの場合、海外産の美しい鉱物標本がより好まれる。

　また「細かい産地情報」については、博物館で研

ソーダ沸石（そーだふっせき）
標本の横幅：3.5 cm／産地：山形県鶴岡市温海地域五十川／所蔵：国立科学博物館（写真・渡邉）

自然金（しぜんきん）
標本の横幅：約2 cm／産地：大分県杵築市山香町馬上鉱山／所蔵：国立科学博物館（写真・渡邉）

究に供するには、どの場所で、どんな地層から産出したかという細かい産地の情報が必要になる。例えば「新潟県」や「中国」「ブラジル」だけでは情報が少なすぎて研究に使いにくく、より詳細な行政区分や鉱山名まで明らかであることが望ましい。逆に、どれだけ美しく立派な標本であっても、「産地不詳」の標本の価値は著しく低い。

「最小限の洗浄と処理」については、博物館では水洗い程度で済ませるか、そもそも洗浄しないのが普通である。洗浄することで繊細な、あるいは水に弱い結晶が壊れてしまったり、肉眼でわかりにくいような細かい共生鉱物（おもに二次生成鉱物）が失われてしまったりするからである。また、結晶部分を単独で収集するよりは、母岩に付いた状態で岩石ごと収集することが好まれ、その岩石を無理に除去するようなことは基本的にはしない。母岩が、産状を知るのに有益な情報をもつためである。それから、鉱物標本の処理にはさまざまなものがあるが、加熱や放射線照射による色味の調整は、元々の色がわからなくなるために施さない（後述の寄贈標本を除く）。施すとすれば、壊れやすい標本を補強する目的で、部分的に接着剤で固定するなど、最小限の処理のみである。個人コレクションの場合、美しさを重視する標本では特に、表面の汚れを丁寧に洗浄して美しく見せることが好まれる。

最後に「寄贈標本」については、博物館コレクションには個人コレクターから寄贈された標本もかなり多く含まれていて、それらの中には産地情報が不足していたり、加熱や放射線処理が施されていたりするものもある。とはいえ、寄贈を受ける際に、博物館としても標本の価値を吟味した上で受け入れているので、やはり一般的な個人コレクションとは学術的価値の意味で異なる場合が多い。博物館に寄贈された有名な個人コレクションとして、国立科学博物館が所蔵する櫻井鉱物標本がある。故・櫻井欽一博士によるコレクションで、標本総数は1万6000点あまり（うち日本産が約1万点、外国産が約6000点）という膨大な数にのぼる。

霰石（あられいし）
標本の横幅：6.7 cm／産地：石川県鳳珠郡能登町恋路海岸／所蔵：国立科学博物館（写真・渡邉）

石膏

学名	Gypsum（ジプサム）
和名	石膏（せっこう）
化学式	$CaSO_4 \cdot 2H_2O$
結晶系	単斜晶系
モース硬度	2
分類	硫酸塩鉱物

結晶サイズ：4.0cm／産地：カナダ Willow Creek, Alberta, Canada／所蔵：個人蔵（写真・田中）
※大きいほうが紫外線照射、小さいほうが可視光下

アンダーソン石

学名	Andersonite（アンダーソナイト）
和名	アンダーソン石（あんだーそんせき）
化学式	$Na_2Ca(UO_2)(CO_3)_3 \cdot 6H_2O$
結晶系	三方晶系
モース硬度	2 ½
分類	炭酸塩鉱物

標本サイズ：3.2cm／産地：岐阜県土岐市東濃鉱山／所蔵：個人蔵（写真・田中）
※大きいほうが紫外線照射、小さいほうが可視光下

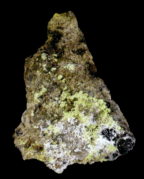

光る石

石膏 Gypsum ／アンダーソン石 Andersonite
北海道石 Hokkaidoite

鉱物の中には、発光するものがある。これは外部からのエネルギーを光にするもので、加熱、機械的衝撃、こすれなどによって、あるいは紫外線照射によっても引き起こされる。紫外線を当てると光る石は多い。これは、ウランや希土類元素などの発光性不純物による場合と、鉱物そのものが紫外線のエネルギーを変換する場合とがある。ウラン鉱物には強く発光するものが多い。石膏は微量の有機物の不純物による。有機鉱物類、特に芳香族化合物のものは強烈に発光し、これが存在の目安となる。通常光の下の姿からは想像もできない光る姿も、鉱物の性質のひとつである。（田中）

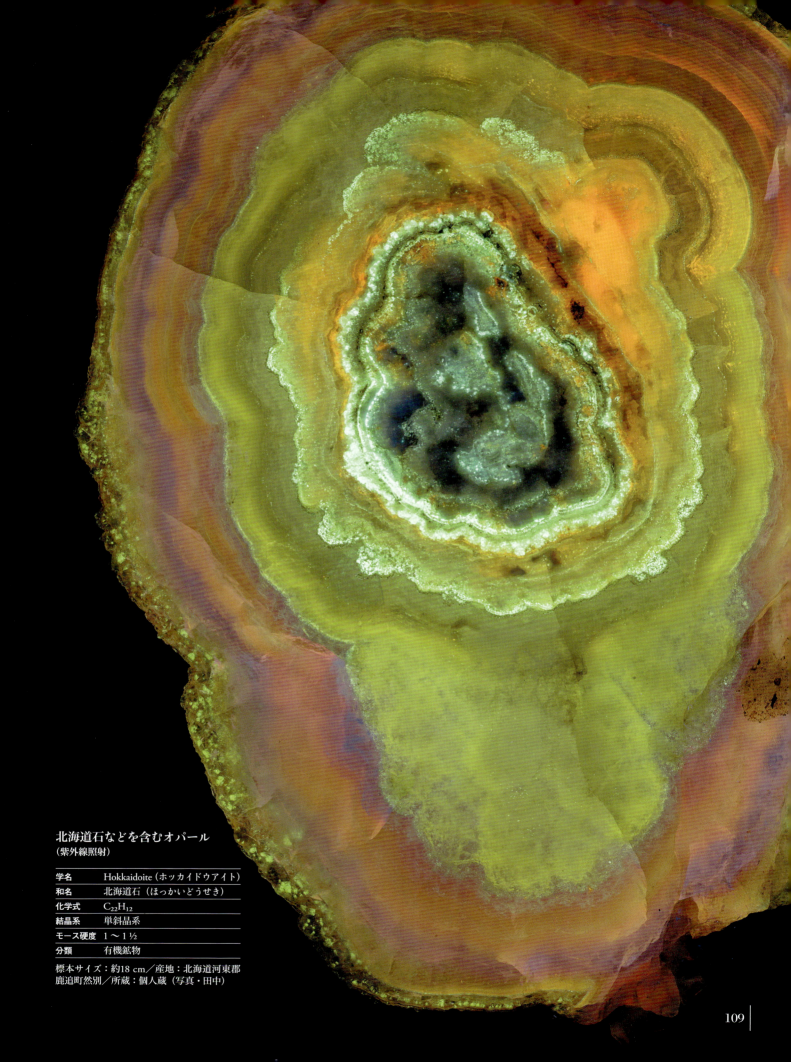

北海道石などを含むオパール
(紫外線照射)

学名	Hokkaidoite（ホッカイドウアイト）
和名	北海道石（ほっかいどうせき）
化学式	$C_{22}H_{12}$
結晶系	単斜晶系
モース硬度	1～1½
分類	有機鉱物

標本サイズ：約18 cm／産地：北海道河東郡
鹿追町然別／所蔵：個人蔵（写真・田中）

海王石をともなうベニト石

学名	Benitoite（ベニトアイト）
和名	ベニト石（べにとせき）
化学式	BaTi(Si$_3$O$_9$)
結晶系	六方晶系
モース硬度	6〜6½
分類	ケイ酸塩鉱物

サイズ区分：Thumbnail／産地：アメリカ Benitoite Gem Mine, San Benito Co., California, USA／所蔵：個人蔵　※海王石の学名等は右頁参照。（写真・紀伊國）

サファイアより貴重な青い石
ベニト石 Benitoite ／海王石 Neptunite

学名	Neptunite（ネプチュナイト）
和名	海王石（かいおうせき）
化学式	KNa$_2$Li(Fe^{2+})$_2$Ti$_2$[Si$_4$O$_{12}$]$_2$
結晶系	単斜晶系
モース硬度	5～6
分類	ケイ酸塩鉱物

ベニト石をともなう海王石

サイズ区分：Miniature／産地：アメリカ Benitoite Gem Mine, San Benito Co., California, USA／所蔵：個人蔵 ※ベニト石の学名等は左頁参照。（写真・紀伊國）

青い宝石の代表はサファイアだが、より貴重で美しいものに、ベニト石がある。これは世界中で見つかっているが、もっとも美しいものはアメリカ、カリフォルニア州のサンベニートのものだろう。サンベニートでは海王石（赤黒い柱状結晶）とともに、ソーダ沸石に埋まって出てくるので、塩酸で沸石を気長に溶かし出し（ゲル状のシリカを何度もこすらなければならない）、出てくる結晶を標本にする。三方晶の、三角の結晶が美しく、美しいものは鉱物標本、カット石ともに目が飛び出るほど高価である。日本では新潟に小さなものを産する。（田中）

鉱物になった樹脂

琥珀 Amber

琥珀は樹脂の化石、すなわち有機化合物であり、無機化合物が大部分を占める鉱物にあって珍しい存在である。単一の化合物ではなく、化学組成と結晶構造によって定義・分類できないため、「鉱物種」ではない。しかしながら、国際鉱物学連合（IMA）によれば、鉱物とは「天然の固体で地質作用によってできたもの」であるので、化石化という地質的なプロセスを経ている琥珀は、まさしく「鉱物」なのである。宝石として好まれるが、硬度は低く、傷がつきやすい。また、質感はプラスチックのようで、海水に浮かぶほど軽い。（渡邉）

英語名	Amber（アンバー）※鉱物種ではないので種名なし。
和名	琥珀（こはく）
化学式	単一の化合物ではない
結晶系	非晶質
モース硬度	2〜2½
分類	有機鉱物

〈左頁〉標本の写真部分の横幅：13.5 cm／産地：ドミニカ共和国 Palo Alto, Dominican Republic／所蔵：国立科学博物館　〈右頁〉標本の写真部分の横幅：6.3 cm／産地：レバノン North Lebanon, Lebanon／所蔵：個人蔵（写真・渡邉）

孔雀石

学名	Malachite（マラカイト）
和名	孔雀石（くじゃくいし）
化学式	$Cu_2(CO_3)(OH)_2$
結晶系	単斜晶系
モース硬度	3½〜4
分類	炭酸塩鉱物

標本サイズ：約7 cm／産地：コンゴ民主共和国 Kolwezi, Mutshatsha, Lualaba, D.R. Congo／所蔵：個人蔵（写真・田中）

鉱物の色のメカニズム

孔雀石 Malachite ／磁鉄鉱 Magnetite
エメラルド Beryl ／月長石（げっちょうせき） Albite

さまざまな色を見せて我々を楽しませてくれる鉱物。この色が出る原因はいくつかあり、おおざっぱに分けて以下のように分類できる。①鉱物自体が着色しているもの、②着色不純物イオンによるもの、③不純物由来の色中心によるもの、④イオン間の電荷移動発色、⑤半導体のバンドギャップ遷移、⑥光分散、⑦干渉色、である。細かくは説明しないが、孔雀石の緑は①、磁鉄鉱は④⑤、エメラルドは②、ムーンストーンの青は⑦である。まだ着色原因のはっきりしない鉱物もあり、鉱物の色は謎に満ちている。（田中）

磁鉄鉱

学名	Magnetite（マグネタイト）
和名	磁鉄鉱（じてっこう）
化学式	Fe_3O_4
結晶系	立方晶系
モース硬度	5½〜6½
分類	酸化鉱物

写真幅：2.3 cm／産地：長野県南佐久郡南相木村栗生鉱山／所蔵：個人蔵（写真・田中）

エメラルド

学名	Beryl（ベリル）
和名	緑柱石（りょくちゅうせき）
化学式	$Be_3Al_2(Si_6O_{18})$
結晶系	六方晶系
モース硬度	7 ½ ～ 8
分類	ケイ酸塩鉱物

標本上下：5.5cm／産地：Swat, Khyber Pakhtunkhwa, Pakistan／所蔵：個人蔵（写真・田中）

月長石（Na ナトリウム に富むタイプ）

学名	Albite（アルバイト）
和名	曹長石（そうちょうせき）
化学式	$(Na,K)AlSi_3O_8$
結晶系	三斜晶系
モース硬度	6 ～ 6 ½
分類	ケイ酸塩鉱物

標本上下：約4cm／産地：メキシコ Pili Mine, Saucillo Municipality, Chihuahua, Mexico／所蔵：個人蔵（写真・田中）

目に見えない微細な構造が色を生む
―構造色―

ラブラドライト Labradorite ／オパール Opal ／レインボーガーネット Andradite

美しいモルフォ蝶の色は、物質そのものの色ではない。微細な繰り返し構造をもつ鱗粉によって特定の色の光のみ増幅されて出る色である。このような発色を干渉色または構造色といい、鉱物にもこのような発色が知られる。ラブラドライトやムーンストーンのような長石類は構成成分の揺らぎによって非常に細かい周期層構造をつくり、これによって特定方向からの光を干渉させ、色をキラリと出す（イリデッセンス）。オパールは非常に細かい球状のシリカ球状粒子の集合で、この球の大きさが揃うと美しい遊色をみせる。最近は奈良県でレインボーガーネットと呼ばれる虹色に光る柘榴石が見つかり、話題になった。（田中）

プレシャス・オパール
（珪化木がオパール化したもの）

学名	Opal（オパール）
和名	オパール 蛋白石（たんぱくせき） ※プレシャス・オパールはオパールの変種名
化学式	$SiO_2 \cdot nH_2O$
結晶系	非晶質
モース硬度	5〜6
分類	酸化鉱物

標本の高さ：3.0 cm／産地：アメリカ Virgin Valley, Humboldt Co., Nevada, USA／所蔵：個人蔵（写真・紀伊國）

ラブラドライト

学名	Anorthite（アノーサイト）
和名	灰長石（かいちょうせき） ※ラブラドライトは灰長石の変種名。
化学式	$(Ca,Na)(Si,Al)_4O_8$
結晶系	三斜晶系
モース硬度	6〜6½
分類	ケイ酸塩鉱物

標本長：約6 cm／産地：カナダ Labrador, Newfoundland and Labrador, Canada／所蔵：個人蔵（写真・田中）

レインボーガーネット

学名	Andradite（アンドラダイト）
和名	灰鉄柘榴石（かいてつざくろいし）
化学式	$Ca_3Fe_2(SiO4)_3$
結晶系	立方晶系
モース硬度	6½〜7
分類	ケイ酸塩鉱物

撮影幅：2.2 cm／産地：奈良県吉野郡天川村行者還岳／所蔵：個人蔵（写真・田中）

ダイヤモンド

学名	Diamond（ダイアモンド）
和名	ダイヤモンド
化学式	C
結晶系	立方晶系
モース硬度	10
分類	元素鉱物

結晶長：0.28 cm／産地：ロシア Udachny, Respublika Sakha (Yakutiya), Russia／所蔵：個人蔵（写真・田中）

ジルコン

学名	Zircon（ジルコン）
和名	ジルコン
化学式	ZrSiO$_4$
結晶系	正方晶系
モース硬度	7 ½
分類	ケイ酸塩鉱物

標本長：2.9 cm／産地：パキスタン Astore Valley, Astore District, Gilgit-Baltistan, Pakistan／所蔵：個人蔵（写真・田中）

蛍石

学名	Fluorite（フローライト）
和名	蛍石（ほたるいし）
化学式	CaF$_2$
結晶系	立方晶系
モース硬度	4
分類	ハロゲン化鉱物

撮影幅：8.6 cm／産地：中国 Ganzhou, Jiangxi China／所蔵：個人蔵（写真・田中）

苦灰石

学名	Dolomite（ドロマイト）
和名	苦灰石（くかいせき）
化学式	$CaMg(CO_3)$
結晶系	六方晶系
モース硬度	4
分類	炭酸塩鉱物

標本左右：3.6 cm／産地：スペイン Eugui, Esteribar, Navarre, Spain／所蔵：個人蔵（写真・田中）

石膏

学名	Gypsum（ジプサム）
和名	石膏（セッコウ）
化学式	$CaSO_4 \cdot 2H_2O$
結晶系	単斜晶系
モース硬度	2
分類	硫酸塩鉱物

大きな結晶サイズ：4.0 cm／産地：カナダ Willow Creek, Alberta, Canada／所蔵：個人蔵（写真・田中）

結晶の形と結晶系

ダイヤモンド Diamond
ジルコン Zircon
蛍石 Fluorite
苦灰石 Dolomite
石膏 Gypsum
アクアマリン Beryl
重晶石 Barite
薔薇輝石 Rhodonite
鉄斧石 Axinite-Fe

結晶のもっとも重要な要素は、原子・分子構造の対称と繰り返し規則性である。単位となる構造（単位格子）があり、それが三次元方向にほぼ無限に繰り返しコピーされることによって、マクロな結晶が形づくられる。単位構造である単位格子は、その格子の形状および対称性によって7種の結晶系（立方晶系、正方晶系、直方晶系、六方晶系、三方晶系、単斜晶系、三斜晶系）に分類される。さらにこれらは数学的に系統分類される。

結晶の対称性がその物性に与える影響はさまざまだが、外形は結晶系によっておおよそ定められることが多い。晶癖が結晶外形に与える若干の影響はあれども、結晶のおおまかな形は結晶系に支配されていると考えてよい。立方晶は丸っこいコロッとした結晶に、六方晶や三方晶は六角柱や菱型に、正方晶や直方晶は四角柱状になりやすく、単斜晶や三斜晶はいびつな結晶が多い。慣れてくると、結晶形状から、結晶系がなんとなく想像できることが多い。（田中）

アクアマリン

学名	Beryl（ベリル）
和名	緑柱石（りょくちゅうせき）
化学式	$Be_3Al_2(Si_6O_{18})$
結晶系	六方晶系
モース硬度	7 ½ ～ 8
分類	ケイ酸塩鉱物

標本左右：7.0 cm／中国 Pingwu beryl mine, Mt. Xuebaoding, Pingwu Co., Sichuan, China／所蔵：個人蔵（写真・田中）

重晶石

学名	Barite（バライト）
和名	重晶石（じゅうしょうせき）
化学式	$BaSO_4$
結晶系	直方晶系
モース硬度	3 ～ 3 ½
分類	硫酸塩鉱物

標本左右：10.0 cm／フランス Puy-de-Dôme, Auvergne, France／所蔵：個人蔵（写真・田中）

薔薇輝石

学名	Rhodonite（ロードナイト）
和名	ロードン石（ろーどんせき） 薔薇輝石（ばらきせき）
化学式	$CaMn_3Mn(Si_5O_{15})$
結晶系	三斜晶系
モース硬度	5 ½ 〜 6 ½
分類	ケイ酸塩鉱物

標本上下：2.0 cm／ペルー San Martín Mine, Chiurucu, Huallanca, Bolognesi, Ancash, Peru／所蔵：個人蔵（写真・田中）

撮影幅：4.0 cm／大分県豊後大野市緒方町尾平鉱山大蔵谷／所蔵：個人蔵（写真・田中）

鉄斧石

学名	Axinite-Fe（アキシナイト）
和名	鉄斧石（てつおのいし）
化学式	$Ca_2Fe^{2+}Al_2BSi_4O_{15}OH$
結晶系	三斜晶系
モース硬度	6 ½ 〜 7
分類	ケイ酸塩鉱物

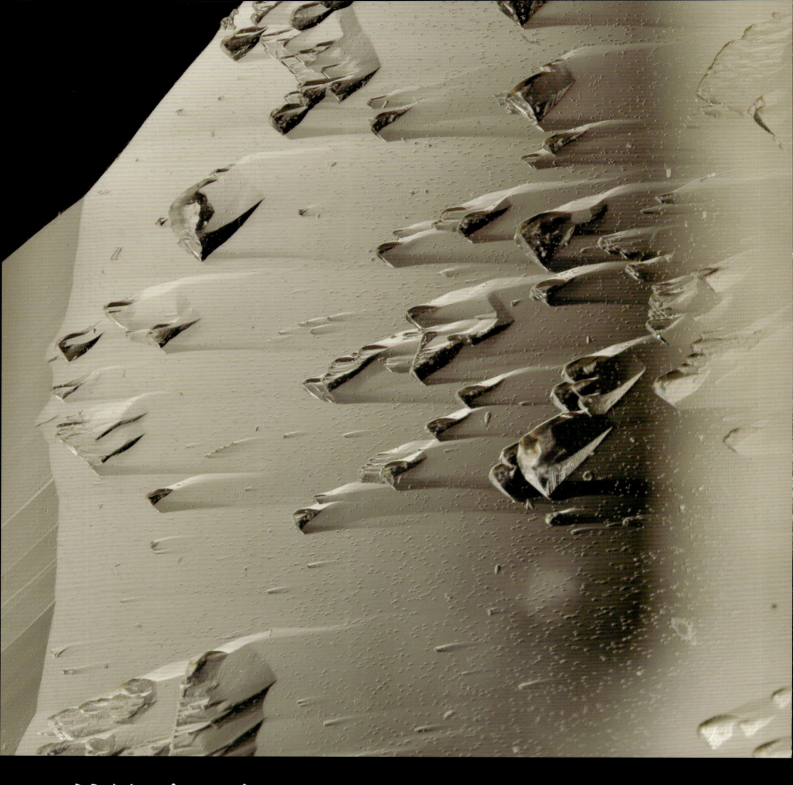

結晶面は平らじゃない
―蝕像・成長丘と条線―

結晶は平らな面で囲まれた多面体で、その鉱物の種類によって形態が異なる。この結晶面をよく観察してみると、意外と理想的な平面でないことに気づく。でっぱりもあればへっこみもある。これは、結晶が成長する際に、原子の並びの乱れ（格子欠陥）を足がかりに原子が並びやすいためで、わずかに盛り上がった部分を成長丘という。逆に、鉱物結晶が地下で溶解する際には、この部分から溶けていく（蝕像）。結晶面が段々に成長すると、結晶面のジグザグによる筋ができる。これを条線という。平らに見える結晶面にも、結晶成長のドラマが刻まれている。（田中）

水晶の柱面表面に見られる蝕像

学名	Quartz（クォーツ）
和名	石英（せきえい）
化学式	SiO$_2$
結晶系	三方晶系
モース硬度	7
分類	酸化鉱物

撮影幅：2.0 cm／山梨県山梨市牧丘町乙女鉱山／所蔵：個人蔵（写真・田中）

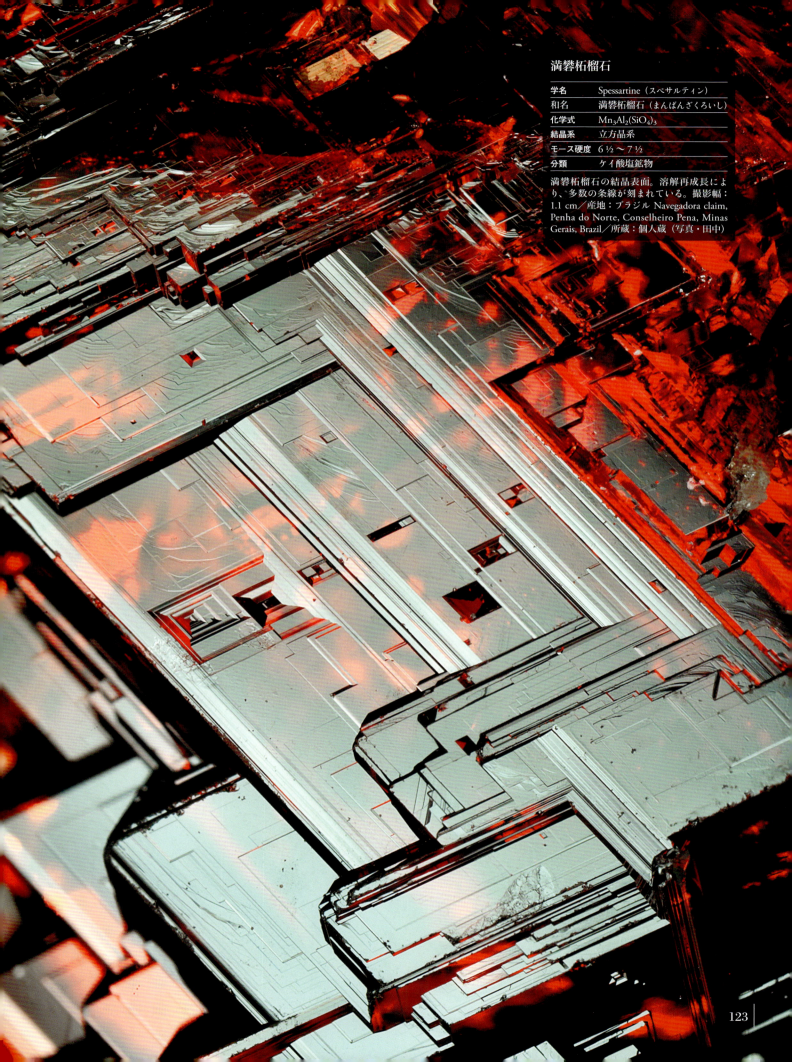

満礬柘榴石

学名	Spessartine（スペサルティン）
和名	満礬柘榴石（まんばんざくろいし）
化学式	$Mn_3Al_2(SiO_4)_3$
結晶系	立方晶系
モース硬度	6½〜7½
分類	ケイ酸塩鉱物

満礬柘榴石の結晶表面。溶解再成長により、多数の条線が刻まれている。撮影幅：1.1 cm／産地：ブラジル Navegadora claim, Penha do Norte, Conselheiro Pena, Minas Gerais, Brazil／所蔵：個人蔵（写真・田中）

生き物のような結晶
―忍石と放射状結晶集合―

リチオフォル鉱 Lithiophorite ／モルデン沸石 Mordenite
ピクロファーマコ石 Picropharmacolite

堆積岩を割ると、しばしば写真のような樹枝状の模様が見られることがある。これは植物によく似ているが鉱物で、多くはリチオフォル鉱といったマンガン酸化物の沈殿である。これは電子顕微鏡でないと結晶はわからない。かつて石版印刷に用いたドイツのスレートにはこれが多く含まれている。このような結晶集合形態は忍石（デンドライト）と呼ばれ、これは成分沈殿時に結晶がひび割れに貼りつきながら都度分岐することにより生じるのだろう。針状結晶ではこのような結晶集合が多くみられ、自由空間では針状結晶は放射状に集合する。こういった集合美もまた、自然の造形の不思議さであろう。（田中）

	リチオフォル鉱
学名	Lithiophorite（リチオフォライト）
和名	リチオフォル鉱（りちおふぉるこう）
化学式	$(Al,Li)MnO_2(OH)_2$
結晶系	三方晶系
モース硬度	3
分類	酸化鉱物

写真幅：約14 cm／産地：ドイツ Solnhofen, Bayern, Germany／所蔵：個人蔵（写真・田中）

モルデン沸石（右）

学名	Mordenite（モルデナイト）
和名	モルデン沸石（もるでんふっせき）
化学式	$(Na_2,Ca,K_2)_4(Al_8Si_{40})O_{96}\cdot 28H_2O$
結晶系	三方晶系
モース硬度	3～4
分類	ケイ酸塩鉱物

写真幅：約4 cm／産地：静岡県賀茂郡河津町菖蒲沢／所蔵：個人蔵（写真・田中）

ピクロファーマコ石（下）

学名	Picropharmacolite（ピクロファーマコライト）
和名	ピクロファーマコ石（ぴくろふぁーまこせき）
化学式	$Ca_4Mg(AsO_4)_2(HAsO_4)_2\cdot 11H_2O$
結晶系	三斜晶系
モース硬度	1～2
分類	ヒ酸塩鉱物

写真幅：2.0 cm／産地：大分県佐伯市宇目木浦鉱山／所蔵：個人蔵（写真・田中）

125

単結晶と多結晶、並行連晶

鉄礬柘榴石 Almandine
異極鉱 Hemimorphite
蛍石 Fluorite

複数の結晶が寄せ集まり集合体になったものを多結晶という。逆は全体がたった一つの結晶よりなる単結晶。多結晶でも、結晶の向き（方位）が揃っているものを並行連晶という。並行連晶は結晶学的には単結晶と変わらないものの、成長の条件によって複数の結晶の集合に見えるものだ。わずかずつ結晶の方位がずれた多結晶もあり、標本を見る者の目を楽しませる。異極鉱はしばしばこのような多結晶を作る。蛍石は、結晶成長時に結晶形態が変わることがあり、八面体結晶が六面体結晶に切り替わると、十字架のような並行連晶になる。（田中）

鉄礬柘榴石（上）

学名	Almandine（アルマンディン）
和名	鉄礬柘榴石（てつばんざくろいし）
化学式	Fe$_3$Al$_2$(SiO$_4$)$_3$
結晶系	立方晶系
モース硬度	7～7½
分類	ケイ酸塩鉱物

結晶の大きさ：1.2 cm／産地：パキスタン Gilgit, Pakistan／所蔵：個人蔵（写真・田中）

異極鉱（右上）

学名	Hemimorphite（ヘミモルファイト）
和名	異極鉱（いきょくこう）
化学式	Zn$_4$Si$_2$O$_7$(OH)$_2$・H$_2$O
結晶系	直方晶系
モース硬度	5
分類	ケイ酸塩鉱物

撮影幅：1.6 cm／産地：大分県佐伯市宇目木浦鉱山／所蔵：個人蔵（写真・田中）

蛍石（右下）

学名	Fluorite（フローライト）
和名	蛍石（ほたるいし）
化学式	CaF$_2$
結晶系	立方晶系
モース硬度	4
分類	ハロゲン化鉱物

撮影幅：2.0 cm／産地：ナミビア Okorusu Mine, Otjozondjupa, Namibia／所蔵：個人蔵（写真・田中）

双子の結晶、双晶
ダイアスポア Diaspore ／白鉛鉱 Cerussite
スピネル Spinel ／方解石 Calcite

結晶学的に定まった角度で接合している多結晶を双晶という。双晶の場合、個々の結晶間には法則性があり、再現性もある。原子レベルの構造としては、原子団の配列がある面（双晶面）を境に、法則性をもって別の方位に切り替わっているものだ。双晶は、単結晶とは異なる結晶形態を有することがしばしばあり、十字沸石などの鉱物はほとんどが双晶の結晶が成長していることから、その特徴ある形態を同定の根拠とする。石英（水晶）以外にも、方解石もさまざまな双晶を作る。双晶を好むコレクターも多く、通好みの鉱物の楽しみ方であろう。（田中）

ダイアスポア

学名	Diaspore（ダイアスポア）
和名	ダイアスポア
化学式	AlO(OH)
結晶系	直方晶系
モース硬度	6½〜7
分類	酸化鉱物

サイズ区分：Thumbnail／産地：トルコ Muğla Province, Turkey／所蔵：個人蔵
上の枠内の写真は色温度の低い光源であるタングステンライト（白熱電球）の下で見たときの色（写真・紀伊國）

白鉛鉱の三連双晶

学名	Cerussite（セルサイト）
和名	白鉛鉱（はくえんこう）
化学式	$PbCO_3$
結晶系	直方晶系
モース硬度	3～3½
分類	炭酸塩鉱物

標本の高さ：3.2 cm／産地：ナミビア Tsumeb Mine, Tsumeb, Namibia／所蔵：個人蔵（写真・紀伊國）

129

スピネルのスピネル式双晶
(ダビデの星)

学名	Spinel (スピネル)
和名	スピネル 尖晶石 (せんしょうせき)
化学式	$MgAl_2O_4$
結晶系	立方晶系
モース硬度	7 ½ 〜 8
分類	酸化鉱物

標本の高さ：1.0 cm／産地：ミャンマー
Mogok, Myanmar／所蔵:個人蔵（写真・紀伊國）

方解石（双晶）

学名	Calcite（カルサイト）
和名	方解石（ほうかいせき）
化学式	$CaCO_3$
結晶系	三方晶系
モース硬度	3
分類	炭酸塩鉱物

標本の高さ：4.5cm／産地：ロシア Dalnegorsk, Dalnegorsk Urban District, Primorsky Krai, Russia／所蔵：個人蔵（写真・紀伊國）

同じ中身で違う顔—結晶多形—

霰石 Aragonite／方解石 Calcite／金紅石 Rutile／
鋭錐石 Anatase／板チタン石 Brookite

同じ化学組成、または同じ分子構造であっても、異なる結晶構造をとって結晶化する現象を結晶多形という。昔は「同質異像」と呼んだ。これは、結晶化条件によって安定な原子の配列が若干異なるためである。代表的なのは方解石と霰石の関係だろう。方解石のほうが安定範囲が広く、野外で見る機会も多い。酸化チタンは金紅石、鋭錐石、板チタン石の三種の多形を示し、それぞれ色や硬度、屈折率などの性質が違う。とはいえ同じ標本に二つの多形が乗っているものもあり、その条件差は微妙な違いらしい。（田中）

方解石（上）

学名	Calcite（カルサイト）
和名	方解石（ほうかいせき）
化学式	CaCO$_3$
結晶系	三方晶系
モース硬度	3
分類	炭酸塩鉱物

標本の横幅：7.5 cm／産地：イギリス Cumberland, England, UK／所蔵：国立科学博物館（写真・渡邉）

霰石（右）

学名	Aragonite（アラゴナイト）
和名	霰石（あられいし）
化学式	CaCO$_3$
結晶系	直方晶系
モース硬度	3
分類	炭酸塩鉱物

撮影上下：3.0 cm／産地：北海道沙流郡日高町千栄／所蔵：個人蔵（写真・田中）

金紅石 (上左)

学名	Rutile（ルチル）
和名	金紅石（きんこうせき）
化学式	TiO$_2$
結晶系	正方晶系
モース硬度	6～6½
分類	酸化鉱物

写真上下：0.9 cm／産地：アルメニア Kaputdzhukh Mt., Paragachai, Zangezur, Armenia／所蔵：個人蔵（写真・田中）

鋭錐石 (上右)

学名	Anatase（アナテース）
和名	鋭錐石（えいすいせき）
化学式	TiO$_2$
結晶系	正方晶系
モース硬度	5½～6
分類	酸化鉱物

写真上下：1.0 cm／産地：パキスタン Kharan, Balochistan, Pakistan／所蔵：個人蔵（写真・田中）

板チタン石 (右)

学名	Brookite（ブルッカイト）
和名	板チタン石（いたちたんせき）
化学式	TiO$_2$
結晶系	直方晶系
モース硬度	5½～6
分類	酸化鉱物

写真左右：2.1 cm／産地：パキスタン Taftan, Chagai, Balochistan, Pakistan／所蔵：個人蔵（写真・田中）

神は細部に宿る―小さな結晶たち―

斜開銅鉱 Clinoclase ／トルコ石 Turquoise
千代子石 Chiyokoite ／灰クロム柘榴石 Uvarovite

鉱物結晶は原子の配列に基づいて形成されるので、生物とは違って大小の相似であり、大きなものから小さなものまで生じると思われるのだが、実はそうではない。種によっては、とても小さな結晶しかできないものがある。このようなサイズ上限は、鉱物結晶の成長条件の持続性によるのだろう。

トルコ石は肉眼で結晶のわかるものはめったに産出しない。このような小さな結晶は肉眼で楽しむには不向きだが、双眼実体顕微鏡の下ではその美しさを発揮する。鉱物結晶は小さなものに美しいものが多く、ゴマ粒のようなサイズの中にも自然の造形の妙が詰まっている。(田中)

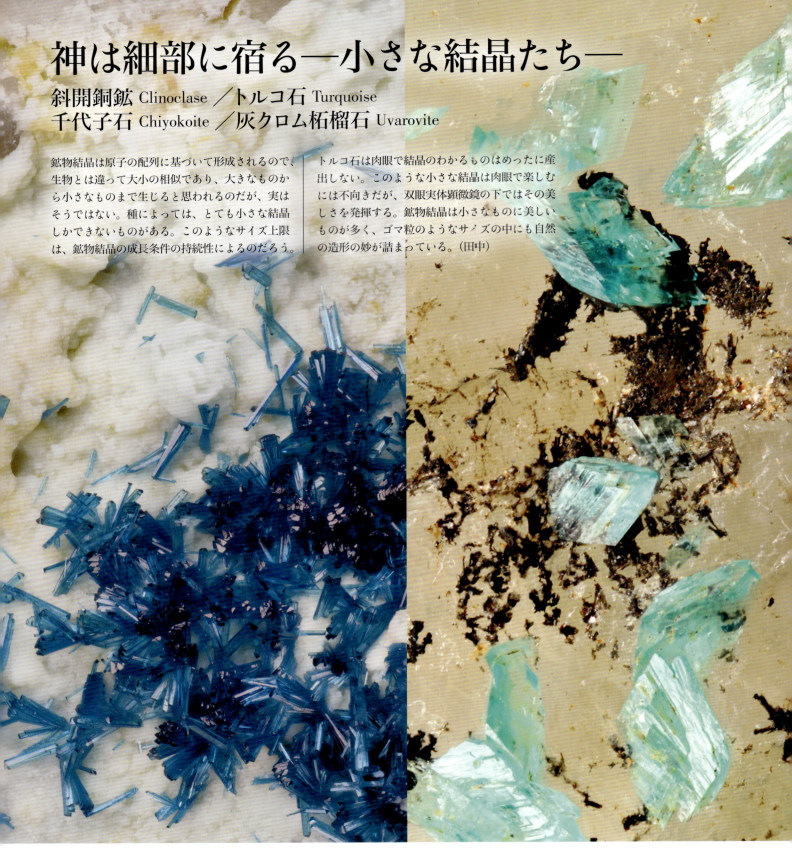

斜開銅鉱

学名	Clinoclase（クリノクレース）
和名	斜開銅鉱（しゃかいどうこう）
化学式	$Cu_3AsO_4(OH)_3$
結晶系	単斜晶系
モース硬度	2 1/2 〜 3
分類	ヒ酸塩鉱物

写真上下：0.4 cm／産地：広島県尾道市瀬戸田町林／所蔵：個人蔵（写真・田中）

トルコ石

学名	Turquoise（ターコイズ）
和名	トルコ石（とるこいし）
化学式	$CuAl_6(PO_4)_4(OH)_8·4H_2O$
結晶系	三斜晶系
モース硬度	5 〜 6
分類	リン酸塩鉱物

写真上下：0.4 cm／産地：アメリカ Bishop Mine, Virginia, USA／所蔵：個人蔵（写真・田中）

千代子石

学名	Chiyokoite（チヨコアイト）
和名	千代子石（ちよこいし）
化学式	$Ca_3Si(CO_3)[B(OH)_4]O(OH)_5 \cdot 12H_2O$
結晶系	六方晶系
分類	ホウ酸塩鉱物

写真上下：0.14 cm／産地：岡山県高梁市備中町布賀／所蔵：個人蔵（写真・田中）

灰クロム柘榴石

学名	Uvarovite（ウバロバイト）
和名	灰クロム柘榴石（かいくろむざくろいし）
化学式	$Ca_3Cr_2(SiO_4)_3$
結晶系	立方晶系
モース硬度	6 ½ 〜 7
分類	ケイ酸塩鉱物

写真上下：1.5 cm／産地：ロシア Saranovskii Mine, Sarany, Gornozavodskii District, Perm Krai, Russia／所蔵：個人蔵（写真・田中）

初生鉱物と二次鉱物

黄銅鉱 Chalcopyrite
亜鉛孔雀石 Rosasite
キュマンジュ石 Cumengeite

マグマや熱水から直接析出する鉱物を初生鉱物といい、鉱床等の酸化帯において、もともとあった鉱物が溶解・再結晶化してできる鉱物を二次鉱物という。例えば銅鉱床において、初生鉱物である黄銅鉱が雨水や地下水にさらされて溶解すると、一帯に銅に富む地下水が形成される。この地下水から、銅の炭酸塩である孔雀石や藍銅鉱が、あるいはここに亜鉛が加わることで、銅と亜鉛の炭酸塩である亜鉛孔雀石などが二次鉱物として析出する。キュマンジュ石は、鉛、銅、塩素などからなるハロゲン化物で、稀少な二次鉱物の一つ。（渡邉）

黄銅鉱

学名	Chalcopyrite（カルコパイライト）
和名	黄銅鉱（おうどうこう）
化学式	$CuFeS_2$
結晶系	正方晶系
モース硬度	3½〜4
分類	硫化鉱物

標本の横幅：7.0 cm／産地：新潟県東蒲原郡阿賀町鹿瀬草倉銅山／所蔵：個人蔵（写真・渡邉）

亜鉛孔雀石

学名	Rosasite（ローザサイト）
和名	亜鉛孔雀石（あえんくじゃくせき）ローザ石（ろーざせき）
化学式	$(Cu,Zn)_2(CO_3)(OH)_2$
結晶系	単斜晶系
モース硬度	4½
分類	炭酸塩鉱物

標本の写真部分の横幅：9.1 cm／産地：メキシコ Chihuahua, Mexico／所蔵：個人蔵（写真・渡邉）

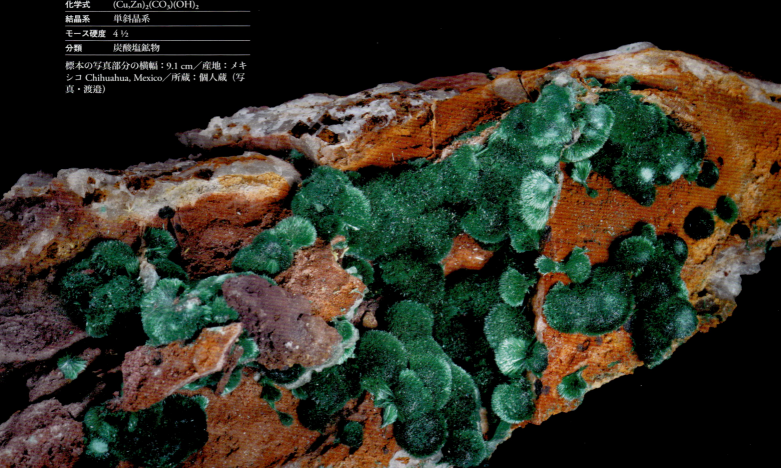

キュマンジュ石

学名	Cumengeite(キュメンジアイト)
和名	キュマンジュ石(きゅまんじゅせき)
化学式	$Pb_{21}Cu_{20}Cl_{42}(OH)_{40}\cdot 6H_2O$
結晶系	正方晶系
モース硬度	2 ½
分類	ハロゲン化鉱物

標本の高さ:0.7 cm/産地:メキシコ Amelia Mine, Arroyo de la Soledad, Boleo District, Santa Rosalía, Mulegé Municipality, Baja California Sur, Mexico/所蔵:個人蔵(写真・紀伊國)

137

ペグマタイトの自形結晶

石英 Quartz
白雲母 Muscovite
トパーズ Topaz
緑柱石 Beryl

石英とアクアマリン

学名	Quartz（クォーツ）
和名	石英（せきえい）
化学式	SiO_2
結晶系	三方晶系
モース硬度	7
分類	酸化鉱物

標本の長さ：12.1 cm／産地：ロシア Russia／所蔵：国立科学博物館（写真・渡邉）※アクアマリンの学名等は右頁参照。

花崗岩の岩体中に、脈状またはレンズ状にできる結晶の粗い部分のことを、ペグマタイト（巨晶花崗岩）という。ペグマタイトはしばしば部分的に空洞になっていて、そのような場所では立派な自形結晶が成長する。鉱物種としては、花崗岩の構成鉱物である石英や長石、雲母の仲間が典型的である。それらに加え、ペグマタイトはマグマの固化過程の末期に形成されるため、リチウム、ベリリウム、ホウ素、フッ素などの成分が集まりやすく、緑柱石やリチア電気石、トパーズ、リチア輝石といった宝石になる鉱物の宝庫でもある（渡邉）

白雲母

学名	Muscovite（マスコバイト）
和名	白雲母（しろうんも）
化学式	$KAl_2(Si_3Al)O_{10}(OH,F)_2$
結晶系	単斜晶系
モース硬度	2 ½
分類	ケイ酸塩鉱物

標本の写真部分の横幅：15.8 cm／産地：ブラジル Minas Gerais, Brazil／所蔵：個人蔵（写真・渡邉）

煙水晶（けむりすいしょう）

標本の高さ：10.4 cm／産地：スイス Furka Pass area, Realp, Urseren, Uri, Switzerland／所蔵：個人蔵（写真・紀伊國）※学名等は石英（左頁）と同じ。

トパーズ

学名	Topaz（トパーズ）
和名	トパーズ
化学式	$Al_2SiO_4(F,OH)_2$
結晶系	直方晶系
モース硬度	8
分類	ケイ酸塩鉱物

サイズ区分：Small Cabinet／産地：パキスタン Dassu, Braldu Valley, Shigar District, Gilgit-Baltistan, Pakistan／所蔵：個人蔵（写真・紀伊國）

アクアマリンと白雲母

学名	Beryl（ベリル）
和名	緑柱石（りょくちゅうせき）
化学式	$Be_3Al_2Si_6O_{18}$
結晶系	六方晶系
モース硬度	7 ½ 〜 8
分類	ケイ酸塩鉱物

標本の横幅：9.0 cm／産地：中国 Mount Xuebaoding, Songpan Co., Sichuan, China／所蔵：個人蔵（写真・紀伊國）※白雲母の学名等は左頁参照。

スカルン鉱物

ベスブ石 Vesuvianite
灰鉄柘榴石 Andradite
スカルン Skarn

石灰岩（おもに方解石で構成される岩石）がマグマの接触によって熱変成を受けると、石灰岩とマグマとの境界部分一帯に、カルシウムに富んだ種々のケイ酸塩からなる特徴的な変成岩ができる。このような変成岩をスカルン、その構成鉱物をスカルン鉱物と呼び、代表的な鉱物として、灰礬柘榴石、灰鉄柘榴石、ベスブ石、斧石、透輝石、灰鉄輝石、珪灰石などがある。右頁上は典型的なスカルンの標本で、標本の上端部分に方解石（白色）、真ん中辺りに珪灰石（白色、針状）、下端部分に柘榴石（緑色）が確認できる。（渡邉）

ベスブ石

学名	Vesuvianite（ベスビアナイト）
和名	ベスブ石（べすぶせき）
化学式	$(Ca,Na)_{19}(Al,Mg,Fe)_{13}(SiO_4)_{10}(Si_2O_7)_4(OH,F,O)_{10}$
結晶系	正方晶系
モース硬度	6½
分類	ケイ酸塩鉱物

サイズ区分：Miniature／産地：カナダ Jeffrey Mine, Asbestos, Quebec, Canada／所蔵：個人蔵（写真・紀伊國）

スカルン

標本の横幅:7.7 cm／産地:山口県美祢市於福町下大和鉱山／所蔵:地学舎（写真・渡邉）

灰鉄柘榴石

学名	Andradite（アンドラダイト）
和名	灰鉄柘榴石（かいてつざくろいし）
化学式	$Ca_3Fe^{3+}_2(SiO_4)_3$
結晶系	立方晶系
モース硬度	6½〜7
分類	ケイ酸塩鉱物

標本の横幅:2.6 cm／産地:イラン Belqeys Mountain, Takab Co., West Azerbaijan Province, Iran／所蔵:個人蔵（写真・紀伊國)

141

日本で見つかった新鉱物
千葉石 Chibaite ／木村石 Kimuraite-(Y) ／原田石 haradaite ／逸見石 henmilite

鉱物種は現在約6000種が知られ、その数は研究により増加している。日本は地質の複雑さからさまざまな鉱物の産出が知られるが、新鉱物も年に数個ずつ報告されている。それらは、貴重なもの、学術的意義の大きいもの、美麗な結晶をなすものなど、さまざまな特徴がある。千葉石はシリカ鉱物の一種で、結晶内に天然ガスを含む。木村石はイットリウムという希土類元素を含む。そのほか、原田石、逸見石などのカラフルな新鉱物も知られ、日本の新鉱物を収集するマニアも少なくない。新鉱物には小さなものが多く、その採集や同定はかなりのスキルを要する。(田中)

千葉石(左頁)

学名	Chibaite (チバアイト)
和名	千葉石 (ちばせき)
化学式	$SiO_2 \cdot n(CH_4, C_2H_6, C_3H_8, C_4H_{10})$ ($n<3/17$)
結晶系	立方晶系
モース硬度	7
分類	酸化鉱物

結晶サイズ：0.9 cm／産地：長野県北安曇郡小谷村沖岩体／所蔵：個人蔵（写真・田中）

木村石(右上)

学名	Kimuraite-(Y) (キムラアイト)
和名	木村石 (きむらせき)
化学式	$CaY_2(CO_3)_4 \cdot 6H_2O$
結晶系	直方晶系
モース硬度	2 ½
分類	炭酸塩鉱物

写真左右：3.0 cm／産地：佐賀県唐津市肥前町満越／所蔵：個人蔵（写真・田中）

原田石(右中)

学名	Haradaite (ハラダアイト)
和名	原田石 (はらだせき)
化学式	$SrVSi_2O_7$
結晶系	直方晶系
モース硬度	4 ½
分類	ケイ酸塩鉱物

写真上下：3.0 cm／産地：鹿児島県大島郡大和村大和鉱山／所蔵：東京大学総合研究博物館（写真・田中）

逸見石(右下)

学名	Henmilite (ヘンミライト)
和名	逸見石 (へんみせき)
化学式	$Ca_2Cu[B(OH)_4]_2(OH)_4$
結晶系	三斜晶系
モース硬度	1 ½ ～ 2
分類	ホウ酸塩鉱物

写真左右：3.5 cm／産地：岡山県高梁市備中町布賀鉱山／所蔵：個人蔵（写真・田中）

自然金

標本の高さ：4.1 cm／産地：ブラジル Serra do Caldeirão, Mato Grosso, Brazil／所蔵：個人蔵（写真・紀伊國）

自然金

学名	Gold（ゴールド）
和名	自然金（しぜんきん）
化学式	Au
結晶系	立方晶系
モース硬度	2½〜3
分類	元素鉱物

自然金
標本の横幅：1.0 cm／産地：
ブラジル Alta Floresta Gold
Province, Mato Grosso, Brazil／
所蔵：個人蔵（写真・紀伊國）

砂金と砂白金（イリドスミン）
最大の粒：0.19 cm／産地：北海道中川郡中川町パンケナイ川／所蔵：個人蔵（写真・田中）
一緒に含まれる銀色の粒はイリドスミン（オスミウムとイリジウムの合金）で、砂白金と呼ばれる。

金銀と貴金属

自然金 Native Gold ／自然白金 Native Platinum ／自然銀 Native Silver

白金族元素6種と金銀は貴金属と称され、装飾品などに用いられる貴重で高価な金属元素だ。これらはいずれも地殻中の量が極めて少ないが、地球上では偏在していて、特に金は部分濃縮する傾向がある。金銀は他の多金属鉱床の鉱石に少量含まれるほか、石英の脈にときおり含まれる。このようなものを山金という、また、金を含む鉱石が風化分解し土砂に混じった金粒を柴金、金が分離し河川中で砂鉱となったものを砂金という。日本は北海道から沖縄まで金鉱山が多かった。北海道では明治期に砂金を求めたゴールドラッシュがおこったことがある。（田中）

自然金
写真左右：2.5 cm／産地：新潟県糸魚川市金山谷橋立金山／所蔵：東京大学総合研究博物館（写真・田中）

銀は鉛・亜鉛鉱に少量含まれるほか、金鉱山で金に同伴することが多い。多くの金銀鉱山では、金よりも銀のほうが量が多い。金は多くの場合は金属金として存在しているが、銀は硫化銀で産することが多く、自然銀はよりまれである。白金族元素（白金、パラジウム、ルテニウム、ロジウム、ルテニウム、オスミウム）は深成岩に伴われやすい。北海道では砂金に伴い「砂白金」を産し、かつてはこれを万年筆のペン先に用いたが、これはオスミウムとイリジウムの合金が大部分だったようだ。今でも、砂金を求めて川で椀掛け（パンニング）する趣味の砂金マニアもいる。（田中）

自然白金

学名	Platinum（プラチナ）
和名	自然白金（しぜんはっきん）
化学式	Pt
結晶系	立方晶系
モース硬度	4〜4½
分類	元素鉱物

標本の横幅：0.5 cm／産地：ロシア Konder alkaline-ultrabasic massif, Khabarovsk Krai, Russia／所蔵：個人蔵（写真・紀伊國）

自然銀

学名	Silver（シルバー）
和名	自然銀（しぜんぎん）
化学式	Ag
結晶系	立方晶系
モース硬度	2½〜3
分類	元素鉱物

標本の高さ：4.0cm／産地：モロッコ Imiter Mine, Tinghir Cercle, Tinghir Province, Drâa-Tafilalet Region, Morocco／所蔵：個人蔵（写真・紀伊國）

COLUMN ⑤
鉱物標本撮影のライティング

紀伊國 潔 *Kiyoshi Kiikuni*

光源について

　プロの現場ではストロボが標準ですが、LEDライトの性能向上により、多くの写真家がLEDライトを採用し始めています。特にモノブロックストロボ型LEDライトは、定常光で照明効果を確認しやすく、ストロボと同様に光をコントロールするさまざまなアタッチメントが使用可能です。LEDライトを選ぶ際には、高演色性であること、色温度が5600K付近であること、十分な光量があり、光量調整ができることがポイントです。モノブロックストロボ型LEDライトはこれらの条件を満たしています。

光をコントロールするためのツール

　光源を直接被写体に当てると、強いコントラストとシャープな影が生じます。そのため、光を拡散させてより柔らかい光と影を作り出すことが重要です。さまざまな方法がありますが、筆者はおもに1辺30cmほどの小型正方形ソフトボックスをライトに装着して使用しています。

　一方、拡散光ではなく硬い光が必要な場合もあります。リフレクターやハニカムグリッド、スヌートを使って光を制御し、強いコントラストを作ります。また、レフ板を使って影を和らげたり、特定の部分を強調します。素材には発泡スチロール板ボール紙などの白色レフ板や、アルミホイルやマットなコーティングを施された銀色レフ板を用い、反射の強さに応じて使い分けます。

実際のライティング

メインライト

　太陽の役割を果たすもっとも重要な光源です。どこから光を当てるか、そのセッティングがポイントになります。静物撮影にはいくつかのライティングパターンがありますが、鉱物撮影の場合は基本的に被写体の真上にライトを設置し、真横から見て20〜

各種レフ板と撮影台

30度前傾させます。やや逆光気味にしつつ、被写体に強いハイライトが出ないよう注意し、標本の外観や立体感がしっかりとわかる位置にセットします。ただし、被写体によっては前方斜めからのライティングやフロントライティングなど、異なるアプローチが必要なこともあります。

フィルライト（補助光）

メインライトで生じた影 (Shadow)を柔らかくしたり、より自然な立体感と輪郭、陰 (Shade)を表現するために欠かせない補助的な照明です。

簡易的な方法として、レフ板でメインライトの光を反射させることで事足りる場合もありますが、ライトを用意したほうが光量を細かく調節できますから、より理想的な立体感を出すことができます。

基本的には被写体に対して斜め前方から光が当たるようセッティングし、不自然にならないよう光量を絞って調節します。

ハイライト

標本のどこにハイライトを付けるか、これは標本の鉱物学的・結晶学的なフォルムとディテールを表現するうえで非常に重要なテクニックであり、レフ板の選択と使い方がポイントになります。被写体である標本の主役が結晶である場合、「隣り合う面に同じ光量を与えない」という原則があります。これにより、標本の立体感や奥行きが際立ち、より魅力的な写真に仕上がります。例えば写真のセプター水晶の場合、トップと下部の錐面と左右の柱面にそれぞれハイライトを当てて立体感を引き出しています。

なお、一部の面にのみ強いハイライトが生じていると、その写真を見る第三者はそこにばかり目を奪われてしまいますから、そうならないよう注意が必要です。

バックグラウンドライト

写真に奥行きと立体感を出すために、背景にシンプルなグラデーションを付けて演出します。そのための方法としてもっとも簡単なのは、白ケント紙な

Montana, USA産のセプター水晶。ハイライトを入れている部分に注目。

どの背景となる素材を上から吊るし、アーチを描くようカーブさせた状態の上に被写体を置くことです。そしてメインとなる照明を奥のほうが暗くなるよう、角度を付けます。

より進歩的な方法として、背景にユポ紙を吊るし、その後ろに光源を置きグラデーションを作る方法もあります。

また、後ろに置いた光源の影響でフレアが出ないようにすることが肝要です。レンズフードの使用は言うに及ばず、またメインライトの前面に黒いケント紙を取り付けることでレンズに入り込む光を防ぐ対策を講じます。

最後に

写真技術を向上させるために大切なのは、優れた写真家の作品を技術的な側面からよく観察することです。そして何より、自分がなした結果とその原因を客観的に検証することです。

COLUMN 6

小さな鉱物を撮る

田中陵二 *Ryoji Tanaka*

　等倍（デジタルのフルサイズセンサー換算で24×36mm）より広い撮影範囲を撮影する場合は、カメラメーカー販売のマクロレンズによるのが良く、その使いやすさも画質も優れている。100mm前後のマクロレンズはパースペクティブも自然で、常用している方も多いだろう。では、それよりはるかに小さな物体、例えば1mmの大きさの鉱物結晶の高倍率写真を撮影したい場合はどのようにすればよいだろうか。この場合、多くのシステム顕微鏡では苦戦することになる。顕微鏡は平面のプレパラート等、奥行きのない物体の撮影には向くものの、鉱物や昆虫、貝などの被写体は大部分が立体的であり、ピントの合う奥行き（被写界深度）の極端に浅い顕微鏡光学系では被写体全体にピントが合わないからだ。低倍率であれば、カメラレンズにある絞りを深く絞り込むことで、被写界深度を確保することができるが、高倍率撮影の場合は、絞ると解像力がてきめんに低下する（小絞りボケ）ので、絞りによる深度確保には限界がある。キヤノンなどいくつかのメーカーで、現行カメラマウント用高倍率マクロレンズがラインナップに用意されているが、小絞りボケは回折による物理現象なので、やはり解像力低下の問題は解消することはできない。

　そこで、筆者らは深度合成という方法をよく使う。これは、少しずつピント位置をずらした被写界深度の浅い写真を複数枚（多いときは100枚を超える）撮影し、合焦している部分の画像のみをコンピュータソフトウェアによりつなぎ合わせ1枚の写真にする、デジタルカメラならではの手法だ。

　鉱物写真はその多くは室内ブツ撮りで、安定な被写体であるため、生物の野外撮影に比べるとじっくりと撮影できる。今となっては生産中止になったベローズ（蛇腹）を使い、引き伸ばしレンズの逆マウントや

筆者が撮影に常用しているマクロレンズ類。ベローズ（蛇腹）に接続して用いるものが多い。戦前のレンズから現在のものまで、さまざまな焦点距離のものを使っている。特に倍率が高いときは、顕微鏡対物レンズをマクロレンズのように用いることも。現在はベローズ用マクロレンズはほとんどのカメラメーカーは作らなくなったが、種々の産業用マクロレンズを接続することもでき、性能の良いマクロレンズを見つけ出す愉しみもある。

高倍率撮影は振動を嫌うので、かなりがっちりとした撮影台を準備すると振動に悩まされずにすむ。筆者は、30年以上前に生産中止になったニコン接写装置マルチフォトというベローズ付き撮影装置を用い、被写体の台としてオリンパス工業用顕微鏡ステージをボルト止めしている。これは、現在のニコンFマウントデジタルカメラをそのまま接続できる。光源はLED灯。結晶面のライティングはほんのわずかな角度の違いでも劇的な差があるので、光源角度にはかなり気をつかう。深度合成のピント方向の送りは、顕微鏡ステージによる。

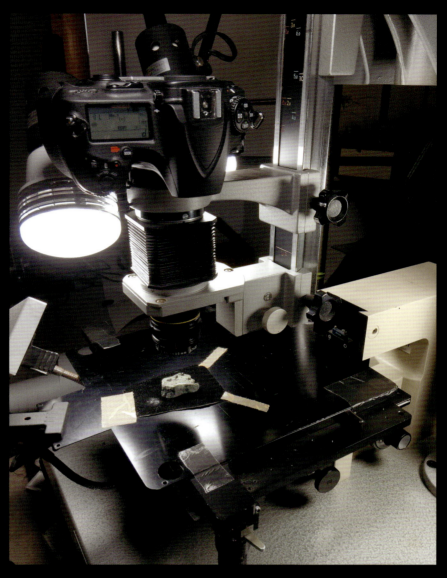

ベローズ対応マクロレンズを用い、最新のデジタルカメラとコンピュータを組み合わせると、肉眼では視認の難しいような小さな鉱物でも、その姿をありありと写し取ることができる。それほど大がかりにせずとも、古い道具を工夫して組み上げれば、安価に高画質画像が得られるのが楽しいところである。ただし、撮影倍率を上げるほどさまざまな問題が出てくる。10倍を超えるようになると、振動に悩まされるようになり、撮影台の工夫を始める。そこで改めて顕微鏡という道具の洗練された機能美を再認識し、顕微鏡用品を流用するのが皆が通る道であろう。

マクロ撮影の真髄は解像感と質感描写にあり、深度合成によるパンフォーカス表現は使いすぎるとのっぺりしすぎ、鼻につく。いろいろ試行錯誤して、自分の美的感覚にあった表現を求めるのが良いだろうと思う。

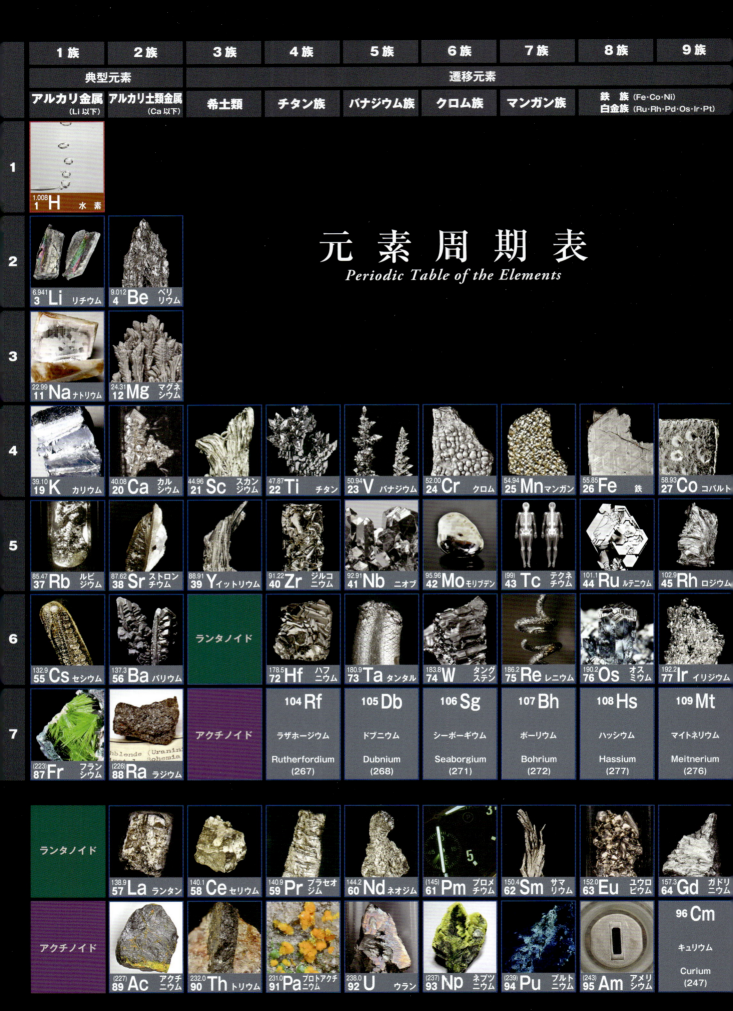

遷移元素			典型元素					
鉄族 (Ni) 白金族 (Pd・Pt)	銅族	亜鉛族	ホウ素族	炭素族	窒素族	酸素族	ハロゲン	希ガス

凡　例

元素記号
枠の色
金　属 ☐
非金属 ☐

原子量
※括弧付きの数値は放射性同位体の質量数の一例

(258)
101 Md メンデレビウム

元素和名

常温での状態
気体
液体
個体

原子番号

4.003
2 He ヘリウム

10.81
5 B ホウ素

12.01
6 C 炭素

14.01
7 N 窒素

16.00
8 O 酸素

19.00
9 F フッ素

20.18
10 Ne ネオン

26.98
13 Al アルミニウム

28.09
14 Si ケイ素

30.97
15 P リン

32.07
16 S 硫黄

35.45
17 Cl 塩素

39.95
18 Ar アルゴン

58.69
28 Ni ニッケル

63.55
29 Cu 銅

65.38
30 Zn 亜鉛

69.72
31 Ga ガリウム

72.63
32 Ge ゲルマニウム

74.92
33 As ヒ素

78.96
34 Se セレン

79.90
35 Br 臭素

83.80
36 Kr クリプトン

106.4
46 Pd パラジウム

107.9
47 Ag 銀

112.4
48 Cd カドミウム

114.8
49 In インジウム

118.7
50 Sn スズ

121.8
51 Sb アンチモン

127.6
52 Te テルル

126.9
53 I ヨウ素

131.3
54 Xe キセノン

195.1
78 Pt 白金

197.0
79 Au 金

200.6
80 Hg 水銀

204.4
81 Tl タリウム

207.2
82 Pb 鉛

209.0
83 Bi ビスマス

(210)
84 Po ポロニウム

(210)
85 At アスタチン

(222)
86 Rn ラドン

110 Ds
ダームスタチウム
Darmstadtium
(281)

111 Rg
レントゲニウム
Roentgenium
(280)

112 Cn
コペルニシウム
Copernicium
(285)

113 Nh
ニホニウム
Nihonium
(278)

114 Fl
フレロビウム
Flerovium
(289)

115 Mc
モスコビウム
Moscovium
(289)

116 Lv
リバモリウム
Livermorium
(293)

117 Ts
テネシン
Tennessine
(293)

118 Og
オガネソン
Oganesson
(294)

158.9
65 Tb テルビウム

162.5
66 Dy ジスプロシウム

164.9
67 Ho ホルミウム

167.3
68 Er エルビウム

168.9
69 Tm ツリウム

173.1
70 Yb イッテルビウム

175.0
71 Lu ルテチウム

97 Bk
バークリウム
Berkelium
(247)

98 Cf
カリホルニウム
Californium
(252)

99 Es
アインスタイニウム
Einsteinium
(252)

100 Fm
フェルミウム
Fermium
(257)

(258)
101 Md メンデレビウム

102 No
ノーベリウム
Nobelium
(259)

103 Lr
ローレンシウム
Lawrencium
(262)

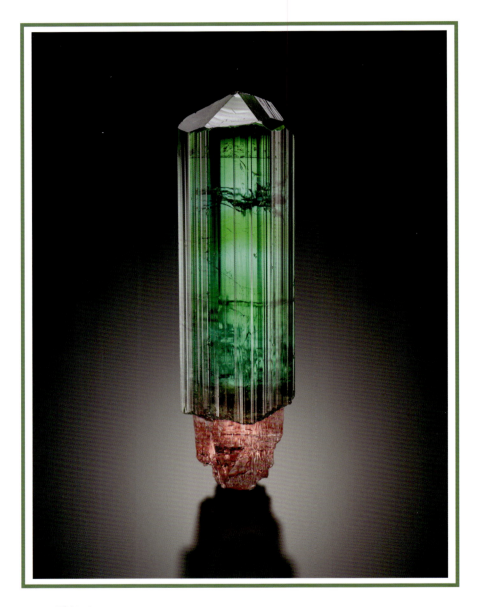

リチア電気石（りちあでんきせき）
Elbaite (Scepter)
標本の高さ：4.7 cm
産地：ブラジル Pederneira, São José da Safira, Minas Gerais, Brazil
所蔵：個人蔵
（写真・紀伊國）

あとがきにかえて——1

我が師との出会い

紀伊國 潔
Kiyoshi Kiikuni

　鉱物標本の撮影に取り組むきっかけとなったのは、米国の歴史ある鉱物専門誌『The Mineralogical Record』や『Rocks & Minerals』に掲載されていた写真、その中でも特に、後に師事することになる世界的に有名な鉱物写真家ジェフリー A. スコヴィル氏の作品に魅了されたことでした。

　最初は撮影技術に関する書籍を買い集め、独学で撮影を続けていましたが、次第に限界を感じ、スコヴィル氏に直接指導を仰ごうと決心しました。1998年、アメリカ・デンバーで開催された鉱物ショーで、出張撮影中の氏を訪ねる機会に恵まれました。

　初対面にもかかわらず、氏は快く迎え入れてくれ、撮影方法や疑問点について懇切丁寧に教えてくれました。実際に撮影現場を見学できたことは、とてもエキサイティングで貴重な経験となりました。

　また、2006年に氏が来日し、我が家に数日間滞在された際も、夜遅くまで熱心に指導してくれたことが心に残っています。

　氏の撮影で驚かされたのは、その完成度の高さだけでなく、仕事の早さです。例えば、鉱物ショー中の出張撮影では数多くの撮影依頼が氏の元へ寄せられますが、限られた時間と日数の中でそれらを「料理」し、作品に仕上げる姿は熟練の職人そのものです。長年培った経験と技術、そして知恵があってこそできることです。

　独学で学ぶには大きな壁があります。ベテランによる幅広い視点や厳しい意見・批評に触れる機会に恵まれないため、問題解決に時間がかかり、誤った理解を修正するのも難しいです。そういった意味で、師匠と仰げる人に出会えたことは、とても幸運でした。

　最後に、この本の出版に際し、ご推薦を賜りました田中陵二氏、渡邉克晃氏をはじめ、本書の出版に携わった皆様に心より感謝申し上げます。

　本書を通じて、多くの方に鉱物の魅力が伝わり、鉱物の世界への新たな発見のきっかけとなりますように。

オパール

熱水起源の有機化合物を著量含み、紫外線照射によりさまざまな色に発光する温泉沈殿性のオパール。色の違いは含まれる有機物の種類と、その凝縮形態に基づく。黄色〜黄緑色に強く発光しているのが、2023年に筆者らが報告した有機鉱物の新鉱物、北海道石を多く含む部分。写真上は可視白色光下。写真下は長波紫外線照射下。北海道河東郡鹿追町然別産。最大の標本5.5 cm（写真・田中）

あとがきにかえて——2

小さな鉱物を撮影する愉しみ

田中陵二
Ryoji Tanaka

　石を求めて有名な鉱物産地を訪れると、しばしば過剰な採集活動による産地の荒れに遭遇します。これは、より良い標本を得たいという採集者の欲に基づくものなのでしょう。大きく、ダメージのない良い鉱物結晶というのは確かに得難いのですが、視点を変えて小さいところまで見てやると、美麗な結晶が無数に存在するのに気付きます。これをマクロ撮影で美しい写真に仕立てることができれば、それほど標本品質や量を追い求めなくても、鉱物結晶の美しさを愉しむことができるだろうと考えたのが20年ほど前でした。一眼レフカメラと古い蛇腹、引き伸ばしレンズを購入し、見よう見まねで高倍率の鉱物の撮影を自宅で始めました。当時は鉱物の高倍率撮影を追及する人は内外にほとんどおらず、情報もなかなか入ってこなかったのですが、別分野、例えば昆虫標本や菌類の撮影技術がとても参考になり、それを鉱物写真に当てはめてみました。前者では、九州大学の丸山宗利先生、後者は伊沢正名さんの撮影技術テキストをよく拝見したのを覚えています。高倍率マクロでの深度合成の圧倒的なメリットに感嘆しつつ、鉱物や元素の結晶の写真を家で撮影する毎日でした。

　しかし、そうは言っても深度合成による質感描写はなかなか難しく、やはり本当に素晴らしい標本を撮影したものにはかなわないものでした。そういったトップレベルの標本撮影もまた、ブツ撮りの基本的技術を必要とすることに気付き、トップレベルの鉱物写真家、紀伊國潔さんやジェフリー A. スコヴィル氏の撮影技法を模倣することにしました。ただし、トップレベルの標本を手にする機会は私にはあまりないので、それほどは身に付きませんでしたが。

　今回は、丸山先生にもご縁のある本シリーズで、紀伊國さん、渡邉さんとともに、念願の鉱物図鑑を上梓することができ、とても嬉しく思います。「神は細部に宿る」の表現通り、細部に息づく鉱物の美と科学が読者に伝われば無上の喜びです。

　本書執筆にあたり、コレクションを御貸与いただいたナミセさん、あるひげさん、いけやまさん、しろやぎさんに厚く御礼申し上げます。また、写真撮影にご協力いただいた多くの方々に、深く感謝致します。

インペリアルトパーズ
Imperial Topaz
中央の大きな結晶の長さ：3.3 cm
産地：アメリカ Thomas Range, Juab Co., Utah, USA
所蔵：国立科学博物館
（写真・渡邉）

あとがきにかえて——3

多くの人の助けがあって実現した図鑑制作

渡邉克晃
Katsuaki Watanabe

　共著者の田中陵二さんと紀伊國潔さん、株式会社KADOKAWAの編集者・小荒井孝典さんと小出真由子さんと小栗真優さん、デザイナーの鷹觜麻衣子さんをはじめ、多くの方々のお力添えのもと、本書『驚異の標本箱—鉱物—』の制作ができましたことを心より感謝し、また光栄に思います。

　振り返ると、このような豪華なメンバーでの図鑑制作に至るまでに、さまざまなご縁がありました。富士フォトギャラリー銀座で鉱物写真の個展を開催したのが2023年3月、渡邉の鉱物写真家としての活動をご覧になった小荒井さんから、本書の企画をいただいたのが2023年9月でした。本書の前作に当たる『驚異の標本箱—昆虫—』のすばらしい仕上がりに感動し、喜んでお引き受けした次第です。

　その後、標本撮影のために国立科学博物館（科博）の筑波研究施設（茨城県つくば市）に通い、地学研究部の門馬綱一博士、宮脇律郎博士、徳本明子さんのご協力をいただきながら、「櫻井鉱物標本」を含む科博所蔵の貴重な標本の数々を撮影させていただきました。大変お忙しい中、時間と労力を惜しまず快く協力してくださった科博の皆さまに、この場を借りて感謝申し上げます。また、科博での撮影には小荒井さんも立ち会ってくださいました。

　標本撮影がひと段落ついた2023年12月、宮脇博士のご紹介で「磊酒会」という鉱物研究者・鉱物愛好家の集まりに伺ったところ、たまたま隣同士の席になったのが、共著者のお一人である田中さんでした。お話しする中で、田中さんが深度合成を駆使した高度なマクロ撮影技術をお持ちの鉱物研究者であることを知り、渡邉から共著にお誘いしたところ、田中さんも小荒井さんもこの提案を快諾してくださいました。田中さんは『驚異の標本箱—昆虫—』の丸山宗利氏ともお知り合いで、田中さんの撮影技術の基礎になっているのが丸山氏の昆虫写真だそうです。なんとも奇遇なご縁を感じました。ちなみに磊酒会の会場は東京・神田にある老舗の鳥料理屋「ぼたん」だったのですが、ここは前述の「櫻井鉱物標本」で有名な櫻井欽一博士のご実家が営むお店とのことです。

　そして、田中さんからもう一人の共著者である紀伊國さんにお声がけいただき、3人での共著が実現しました。紀伊國さんの鉱物写真は照明の扱いが特に秀逸で、繊細なディテールの表現、柔らかく包み込むような光のバランス、透明鉱物の透明感、不透明鉱物の美しい反射、背景の豊かなグラデーションなど、その表現力の高さはいくら挙げてもキリがありません。紀伊國さんは米国の著名な鉱物写真家、ジェフリー A. スコヴィル氏に師事した経歴をもち、国際的にも活躍されている日本が誇る写真家の一人です。これほどの実力をお持ちでありながら、現時点で出版物としてまとまった形の作品集は刊行されておらず、本書を通して、紀伊國さんの類まれな美しい鉱物写真を世に出せることは、私にとって大きな喜びです。

　このような経緯で制作が進められてきた本書ですが、ほかにも感謝を記さねばならない方々が多くいます。全てをここに記すことはできず、短い謝辞となりますことをご容赦ください。

　まず、私が撮影した鉱物標本の中には、科博以外にフォッサマグナミュージアム（新潟県糸魚川市）や個人コレクターの花岡ふさえさんからお借りした標本も含まれます。本書への掲載を快諾し、撮影に協力してくださった皆さまに感謝申し上げます。

　それから、本書の企画を受けるきっかけとなった富士フォトギャラリー銀座での個展は、それに先立って開催されたオリーブハウスチャーチ（東京都新宿区・上落合）での個展を見に来てくださった富士フイルムイメージングシステムズ株式会社のキュレイター、牟田雅一さんからのお声がけで実現しました。両個展の開催に関わってくださった皆さま、ありがとうございます。

　最後になりますが、広島大学の恩師で、学部から博士課程まで鉱物学をご指導くださった故・北川隆司教授と、渡邉の前職である原子力規制庁、東京大学、物質・材料研究機構（NIMS）の皆さま、特に東京大学の小暮敏博教授（2023年3月退官）、鈴木庸平准教授のお二人に厚く感謝申し上げます。そして何より、私の大切な家族、妻の亜希子と娘の彩矢加に精一杯の愛と感謝を込めて、私のあとがきといたします。

渡邉克晃（わたなべ　かつあき）

地球科学コミュニケーター。写真家。1980年、三重県四日市市生まれ。広島大学にて博士（理学）の学位を取得。物質・材料研究機構（NIMS）、東京大学地球生命圏科学グループ、原子力規制庁技術基盤グループにて鉱物学および地質学分野の研究に従事したのち、2020年よりサイエンスコミュニケーション事業を開始。2024年より株式会社地学舎代表取締役。著書に『美しすぎる地学事典』（秀和システム）、『もしも、地球からアレがなくなったら？』（文友舎）、『ふしぎな鉱物図鑑』（大和書房）、『身のまわりのあんなことこんなことを地質学的に考えてみた』（ベレ出版）などがある。最新刊は『へんな石図鑑』（秀和システム）。
Xアカウント　渡邉 克晃（わたなべ かつあき）@watanabe_kats
https://chigakusha.com/

田中陵二（たなか　りょうじ）

東海大学理学部化学科客員准教授。1973年、群馬県生まれ。有機・無機ケイ素化学、材料科学、構造有機化学、X線結晶学、有機地球化学が専門。最近は、地球化学的成因をもつ有機化合物の愉しさに目覚め、北海道から九州まで石を求めて彷徨っている。2023年に公表された新鉱物「北海道石」の発見者のひとり。高倍率マクロ写真による物質の撮影が趣味。児童書による若い世代への科学の啓発にも取り組んでいる。著書に『石は元素の案内人』「たくさんのふしぎ　いろいろ色のはじまり」「たくさんのふしぎ　光る石　北海道石」（いずれも福音館書店）、『よくわかる元素図鑑』（共著、PHP研究所）、『超拡大で虫と植物と鉱物を撮る』（共著、文一総合出版）などがある。
Xアカウント　山猫だぶ@fluor_doublet

紀伊國潔（きいくに　きよし）

鉱物写真家。1962年、兵庫県生まれ。1996年、前年に発生した阪神・淡路大震災を機に東京から帰郷。その2年後、地元である芦屋市にて鉱物標本専門店「キーズミネラルコレクション」をオープン。鉱物を販売する傍ら、アメリカの写真家Jeffrey A. Scovil（ジェフリー A. スコヴィル）氏に師事し、鉱物の撮影に取り組む。アメリカの鉱物専門誌「The Mineralogical Record」や、その他国内外の雑誌に写真を提供。近年は東京国際ミネラルフェアのガイドブックにも写真を提供している。
Xアカウント　Key's Minerals@keysminerals

デザイン／鷹觜麻衣子
校正／亀澤洋
カバー写真／紀伊國潔（掲載鉱物は自然金 Gold）

驚異の標本箱　－鉱物－

2025年3月19日　初版発行

著　者　　渡邉 克晃、田中 陵二、紀伊國 潔
発行者　　山下直久
発　行　　株式会社KADOKAWA
　　　　　〒102-8177東京都千代田区富士見2-13-3
　　　　　電話0570-002-301（ナビダイヤル）
印刷・製本　TOPPANクロレ株式会社

本書の無断複製（コピー、スキャン、デジタル化等）並びに無断複製物の譲渡および配信は、著作権法上での例外を除き禁じられています。また、本書を代行業者等の第三者に依頼して複製する行為は、たとえ個人や家庭内での利用であっても一切認められておりません。

●お問い合わせ
https://www.kadokawa.co.jp/（「お問い合わせ」へお進みください）
※内容によっては、お答えできない場合があります。
※サポートは日本国内のみとさせていただきます。※Japanese text only　　　　定価はカバーに表示してあります。

©Katsuaki Watanabe, Ryoji Tanaka, Kiyoshi Kiikuni 2025　　　　Prirted in Japan
ISBN978-4-04-115612-4　C2044